小型农田水利工程管理手册

高效节水灌溉工程运行管理与维护

中国灌溉排水发展中心　组编

中国水利水电出版社
www.waterpub.com.cn

·北京·

内 容 提 要

《高效节水灌溉工程运行管理与维护》分册系《小型农田水利工程管理手册》之一。本分册针对高效节水灌溉工程管理工作要求，结合现行标准和各地高效节水灌溉工程运行管理实践经验编写而成，内容包括概述、喷灌工程运行管理与维护、微灌工程运行管理与维护、管道输水灌溉工程运行管理与维护等主要内容。

本分册收录了我国目前高效节水灌溉工程相对成熟的运行管理技术，突出了实用性和可操作性，主要供基层水利工程管理单位、用水服务组织等技术人员日常管理维护以及技能培训使用，也可供其他从事水利工作的技术人员及大中专学校相关专业师生参考。

图书在版编目（CIP）数据

高效节水灌溉工程运行管理与维护 / 中国灌溉排水
发展中心组编. -- 北京 : 中国水利水电出版社，2022.2
（小型农田水利工程管理手册）
ISBN 978-7-5226-0494-7

Ⅰ．①高… Ⅱ．①中… Ⅲ．①农田灌溉－节约用水－
手册 Ⅳ．①S275-62

中国版本图书馆CIP数据核字(2022)第026606号

书　　　名	小型农田水利工程管理手册 **高效节水灌溉工程运行管理与维护** GAOXIAO JIESHUI GUANGAI GONGCHENG YUNXING GUANLI YU WEIHU	
作　　　者	中国灌溉排水发展中心　组编	
出 版 发 行	中国水利水电出版社 （北京市海淀区玉渊潭南路1号D座　100038） 网址：www. waterpub. com. cn E-mail：sales@mwr. gov. cn 电话：（010）68545888（营销中心）	
经　　　售	北京科水图书销售有限公司 电话：（010）68545874、63202643 全国各地新华书店和相关出版物销售网点	
排　　　版	中国水利水电出版社微机排版中心	
印　　　刷	天津嘉恒印务有限公司	
规　　　格	170mm×240mm　16开本　5.5印张　93千字	
版　　　次	2022年2月第1版　2022年2月第1次印刷	
印　　　数	0001—3000册	
定　　　价	**35.00元**	

《小型农田水利工程管理手册》

主　　编：赵乐诗

副 主 编：刘云波　　冯保清　　陈华堂

《高效节水灌溉工程运行管理与维护》分册

主　　编：李其光　　崔　静　　鲍子云

参编人员：马海燕　　张　娜

主　　审：李英能

水利是农业的命脉。自中华人民共和国成立以来，经过几十年的大规模建设，我国累计建成各类小型农田水利工程 2000 多万处，这些小型农田水利工程与大中型水利工程一起，形成了有效防御旱涝灾害的灌溉排涝工程体系，保障了国家粮食安全，取得了以占世界 6% 的可更新水资源和 9% 的耕地，养活占世界 22% 人口的辉煌业绩。

2011 年《中共中央　国务院关于加快水利改革发展的决定》颁布以来，全国水利建设进入了一个前所未有的大好时期，中央及地方各级人民政府进一步完善支持政策，加大资金投入，推进机制创新，聚焦农田水利"最后一公里"，着力疏通田间地头"毛细血管"，小型农田水利建设步伐明显加快、工程网络更加完善，防灾减灾能力、使用方便程度和现代化水平不断提高，迎来了新的发展阶段。站在新的起点上，加强工程管护、巩固建设成果，保证工程长期发挥效益成为当前和今后农田水利发展的主旋律。

根据当前小型农田水利发展的新形势和工作实际需要，在水利部农村水利水电司的指导下，中国灌溉排水发展中心组织相关高等院校、科研院所、管理单位的专家学者，总结提炼多年来小型农田水利工程管理经验，编写了《小型农田水利工程管理手册》（以下简称《手册》）。《手册》涵盖了小型灌排渠道与建筑物、小型堰闸、机井、小型泵站、高效节水灌溉工程、雨水集蓄灌溉工程等小型农田水利工程。

《手册》以现行技术规范和成熟管理经验为依据，将技术要求具体化、规范化，将成熟经验实操化，突出了系统性、规范性、实用性。在内容与形式上尽可能贴近生产实际，力求简洁明了，使基层管理人员看得懂、用得上、做得到，可满足基层水利工程管理单位与用水服务组织技术人员日常管理、维护及技能培训需要，也可供其他从事水利工作的技术人员及大中专学校相关专业师生参考。《手册》对提高基层水利队伍专业水平，加强小型农田水利工程管理，推进农田水利事业健康发展，可以提供有力的支撑作用。

《手册》由赵乐诗任主编，刘云波、冯保清、陈华堂任副主编；顾斌杰在《手册》谋划、组织、协调等方面倾注了大量心血，王欢、王国仪在《手册》编写过程中给予诸多指导与帮助；冯保清负责《手册》整体统筹与统稿工作，崔静负责具体组织工作。

高效节水灌溉是坚持节水优先、推进农业节水、缓解水资源紧缺的重要手段之一。近年来，国家大力推动高效节水灌溉工作，高效节水灌溉面积逐年增加。为提高高效节水灌溉工程管理水平，使高效节水灌溉工程管得好、长受益，特编写《高效节水灌溉工程运行管理与维护》分册（以下简称《高效节水分册》）。

《高效节水分册》以基层管理人员为主要读者对象，较为系统地介绍了喷灌工程、微灌工程、管道输水灌溉工程的运行管理与维护。

《高效节水分册》由李其光、崔静、鲍子云主编，马海燕、张娜参加编写，李龙昌对编写工作进行了指导，任晓力、刘旭东参与部分工作，李英能为主审。

《高效节水分册》编写过程中参考引用了许多文献资料，特向相关作者致以诚挚谢意。同时，在编写过程中还得到河北、黑龙江、新疆维吾尔等省（自治区）水利厅，山东省、宁夏等省（自治区）水利科学研究院，以及有关单位和技术人员的大力支持，在此一并致谢。由于时间仓促和编者水平所限，书中难免存在疏漏，恳请广大读者批评指正。

编者

2021 年 11 月

目录

第一章

概述

第一节 高效节水灌溉工程定义与分类

高效节水灌溉工程是指依靠现代农业灌溉技术，最大程度地减少输水过程和灌水过程中水的损失，使灌溉水得到高效利用的节水灌溉工程。通常所说的高效节水灌溉工程一般指喷灌工程、微灌工程和管道输水灌溉工程。

一、喷灌工程分类

喷灌是喷洒灌溉的简称，是利用喷灌设备组装成喷灌系统，将有压水流通过喷头以均匀喷洒方式进行灌溉的技术。喷灌工程就是为实现喷洒灌溉的工程设施，可按喷灌系统进行分类。

（一）按水流获得压力分类

1. 机压式喷灌系统

机压式喷灌系统是指由动力机和水泵为喷头提供工作压力的喷灌系统。

2. 自压式喷灌系统

自压式喷灌系统是指利用自然水头获得喷头工作压力的喷灌系统。

3. 提水蓄能式喷灌系统

提水蓄能式喷灌系统是指由动力机和水泵进行加压提水至高位水池或

水塔，利用地形高差形成的位能为喷头提供工作压力的喷灌系统。

（二）按喷洒形式分类

1. 定喷式喷灌系统

定喷式喷灌系统是指喷水时喷头位置不移动的喷灌系统。定喷式喷灌系统可组装成各种定喷式喷灌机，包括手提式喷灌机、手抬式喷灌机、手推式喷灌机、拖拉机悬挂式喷灌机等。喷灌时，喷灌机停在一个位置上进行喷洒，一个位置喷洒结束后，喷灌机移动到下一个位置再进行喷灌作业。

2. 行喷式喷灌系统

行喷式喷灌系统是指喷头位置边移动边进行喷洒的喷灌系统。行喷式喷灌系统可组装成各种行喷式喷灌机，包括卷盘式喷灌机、中心支轴式喷灌机、平移式喷灌机、平移回转式喷灌机等。行喷式喷灌机的特点是喷灌时支管能自走，抽水装置可固定，也可随之自走。

3. 管道式喷灌系统

管道式喷灌系统是指以各级管道为主体组成的喷灌系统，按照系统可移动的程度分为固定管道式、移动管道式和半固定管道式喷灌系统。

（1）固定管道式喷灌系统由水源、水泵、管道系统及喷头组成。动力、水泵固定，输（配）水干管（分干管）及工作支管均埋入地下。喷头可以常年安装在与支管连接伸出地面的竖管上（地埋升降式喷头可以略低于地面），也可以按轮灌顺序轮换安装使用。

（2）移动管道式喷灌系统的组成与固定式相同。它直接从田间渠道、井、塘吸水，其动力、水泵、管道和喷头全部可以移动，可在多个田块之间轮流喷洒作业。

（3）半固定管道式喷灌系统的组成与固定式相同。动力、水泵固定，输水干管、配水干管、分干管埋入地下，通过连接在干管或分干管伸出地面的给水栓向安装有竖管和喷头的支管供水，支管、竖管和喷头等可以拆卸移动，在不同的作业位置上轮流喷灌，可以人工移动，也可以用机械移动。一般适用于大田作物、果树灌溉。

4. 喷灌机组

喷灌机将喷灌系统的各个组成部分（水泵、动力机、输水管道和喷头及附件）以某种形式配套组装成一个整体，满足喷洒灌溉要求。喷灌机可分为小型、中型和大型喷灌机。

（1）小型喷灌机主要是手推式或手抬式小型喷灌机组，在手推车或拖拉机上安装水泵、管道、一个或多个喷头，以电动机或柴油机为动力喷洒灌溉。

（2）中型喷灌机主要包括卷管式（自走）喷灌机、双悬臂式（自走）喷灌机、滚移式喷灌机和纵拖式喷灌机等。

（3）大型喷灌机主要包括平移式（自走）喷灌机、大型摇滚式喷灌机、中心支轴式（自走）喷灌机等。

二、微灌工程分类

（一）微灌的形式

微灌是利用微灌设备组装成微灌系统，将有压水输送分配到田间，通过灌水器以微小的流量湿润作物根部附近土壤的一种灌水技术，微灌工程就是用微灌技术实现灌溉的工程设施。按灌水器及出流形式的不同，微灌主要有滴灌、微喷灌、小管出流、渗灌等形式。

1. 滴灌

利用安装在末级管道（称为毛管）上的灌水器，或与毛管制作成一体的滴灌带（或滴灌管）将压力水以水滴状湿润土壤，在灌水器流量较大时，形成连续细小水流湿润土壤。通常将毛管和灌水器放在地面，也可以把毛管和灌水器埋入地面以下 30cm 左右，前者称为地表滴灌，后者称为地下滴灌。滴灌灌水器的流量通常为 1.14～10L/h。

2. 微喷灌

利用直接安装在毛管上或与毛管连接的微喷头将压力水以喷洒状湿润土壤。微喷头有固定式和旋转式两种，前者喷射范围小，水滴小；后者喷射范围较大，水滴也大些，故安装的间距也比较大。微喷头的流量通常为 20～250L/h。另外还有微喷带也属于微喷灌系列，微喷带又称多孔管、喷水带，是在可压扁的塑料软管上采用机械或激光直接加工出水小孔，进行微喷灌的设备。

3. 小管出流

利用 $\phi 4$ 的小塑料管与毛管连接作为灌水器，将压力水以细流（射流）状局部湿润作物附近的土壤，小管出流的流量常为 16～100L/h。对于高大果树通常围绕树干修一条渗水小沟，以分散水流，均匀湿润果树周围土壤。在国内，为增加毛管的铺设长度，减少毛管首末端流量的不均匀，通常在小塑料管上安装稳流器，以保证每个灌水器流量的均匀性。

4. 渗灌

利用一种特别的渗水毛管埋入地表以下 20cm 左右，压力水通过渗水毛管管壁的毛细孔以渗流的形式湿润其周围土壤。由于渗灌能减少土壤表面蒸发，从技术上来讲是用水量很省的一种微灌技术，但因渗灌管常埋于地下，由于作物根系有向水性，目前使用起来渗灌管经常遭受堵塞问题困扰。渗灌管的流量常为 2～3L/（h·m）。

（二）按水流获得压力的分类

1. 加压式微灌系统

加压式微灌系统是由动力机和水泵为微灌灌水器提供工作压力的微灌系统。

2. 自压式微灌系统

自压式微灌系统是利用自然水头获得微灌灌水器工作压力的微灌系统。

3. 提水蓄能式喷灌系统

提水蓄能式喷灌系统是由动力机和水泵进行加压提水至高位水池或水塔，利用地形高差形成的位能为微灌灌水器提供工作压力的微灌系统。

（三）微灌工程分类

微灌工程一般可按微灌系统进行分类，由于组成微灌系统的灌水器不同，可相应地分为滴灌系统、微喷灌系统、小管出流系统及渗灌系统等。

三、管道输水灌溉工程分类

管道输水灌溉工程是指以管道输水方式进行地面灌溉的工程，适用于井灌区及泵站扬水灌区和丘陵山区自流灌区进行节水灌溉。

（一）按输配水方式分类

按输配水方式分为水泵提水输水管道灌溉系统和自压输水管道灌溉系统。

1. 水泵提水输水管道灌溉系统

水源水位不能满足自压输水时，需要利用水泵加压将水输送到所需要的高度方可进行灌溉。其中一种形式是水泵直接将水送入管道系统，然后通过分水口进入田间；另一种形式是水泵通过管道将水输送到某一高位蓄水池，然后由蓄水池通过管道自压向田间供水。

2. 自压输水管道灌溉系统

自压输水管道灌溉系统可利用地形自然落差所提供的水头来满足管道系统在运行时所需的工作压力。

（二）按管网形式分类

按管网形式一般分为树状管网、环状管网管道灌溉系统。

1. 树状管网

树状管网的管网为树枝状，水流从"树干"流向"树枝"，即在干管、支管、分支管中从上游流向末端，只有分流而无汇流。

2. 环状管网

管网通过节点将各管道联结成闭合环状管网，根据给水栓位置和控制阀启闭情况，水流可作正、逆方向流动。

（三）按固定方式分类

按固定方式可分为移动式、管渠结合式、半固定式和固定式管道灌溉系统。

1. 移动式

除水源外，移动式的管道及分水设备都可移动。

2. 管渠结合式

管渠结合式是由管道系统输水放入田间毛渠进行灌溉。

3. 半固定式

半固定式管道输水灌溉系统的一部分设备固定，另一部分设备移动。

4. 固定式

固定式管道输水灌溉系统的各级管道及分水设施均埋入地下，固定不动。

（四）按管道输水压力分类

按管道输水压力可分为低压管道输水灌溉系统和一般管道输水灌溉系统。

1. 低压管道输水灌溉系统

低压管道输水灌溉系统管道输水工作压力一般不超过 0.4MPa。

2. 一般管道输水灌溉系统

一般管道输水灌溉系统管道输水工作压力超过 0.4MPa。

（五）按结构形式分类

按结构形式可分为开敞式、半封闭式和封闭式管道灌溉系统。

1. 开敞式

开敞式是在管道上下游高差不太大的一些部位设有自由水面调节井槽的管道输水形式。

2. 半封闭式

半封闭式输水灌溉系统是在输水过程中，管道系统不完全封闭，在适宜的位置保持自由水面或使用浮球阀控制阀门启闭的管道输水形式。

3. 封闭式

封闭式是水流在全封闭的管道中从上游管端流向下游管道末端的管道输水形式，输水过程中管道系统不出现自由水面。

第二节　高效节水灌溉工程管理要求

高效节水灌溉工程必须坚持"谁使用谁负责，谁使用谁管理"的原则，明确使用和管理主体，充分发挥村集体、农民用水合作组织或农业公司的作用，坚持使用者自主管理，做到使用与管理相统一，利益与责任相统一。

一、建立管理机构

高效节水灌溉无论规模大小，均需建立专门机构，确定专人进行管理。一般情况下，在工程建设之前，就应当明晰工程产权归属、建立管理机构、确定管理人员。产权归属在工程设计方案中需明确，产权归建设方所有，田间工程管理使用权归属为农民用水合作组织或种植大户、企业农场主等，也可以组织喷、滴、管灌承包管理专业户。管理机构成立后，确定的管理人员须参与工程建设全过程，参与对工程建设的质量监督管理。工程建成后进行固定资产登记，并由地方水行政主管部门向工程管理机构办理移交设计、施工等相关手续。同时，采取一事一议形式，建立健全工程运行和维护相关管理制度，明确岗位职责、水价、水费收缴等确保工程正常运行的维修与管理办法。

二、制定管理运行制度

管理组织应制定高效节水工程运行管护的规章制度和工程维修养护及运行管理细则，并严格执行，实行"统一管理，统一浇地""计划供水，按方收费"的办法。管好工程，用好水。

三、培训技术人员

各管理组织必须保持管理人员的相对稳定，不能随便更换管理人员。工程管理人员一经确定，必须进行岗前技术培训。培训工作主要由县（市、区）水利部门或灌区水管单位组织，聘请具有理论知识和实践经验的水利和农技专家，以集中培训、现场指导等形式开展。管理人员需经过系统的专业培训，能够熟练掌握微灌工程的运行技术，掌握高效节水灌溉系统各部件的性能，及时进行养护和维修。

四、运行管理模式

（一）合作社＋专管人员管理模式

由合作社通过土地流转，对分散在农户手中的土地实行统一管理，农民以土地或现金方式投入股金加入合作社，成为合作社社员（股东），入股农民年终享受合作社收益分红。整个生产过程由合作社统一经营管理，实现品种、种植、施肥、灌溉、病虫害防治、田间管理、收获、销售的"八统一"。

运行管理方式：高效节水工程产权归农民用水合作组织所有，使用权归合作社。工程建成后合作社聘请专人进行运行管理，管理人员报酬由农民合作社负责发放，节水设施更新费用由农户承担，农民用水合作组织发挥监管作用，水管单位适时给予技术指导。

（二）农民用水合作组织（村组）＋专管人员管理模式

农民用水合作组织通过"一事一议"民主决策，统一种植结构、统一灌溉、统一施肥、统一管理，适合于各类高效节水灌溉工程管理。

运行管理方式：经农民用水合作组织组织，民主推荐专人负责工程的运行管理。农民用水合作组织根据当地劳务工资水平，按面积向农户统一收取管理费用。管理人员负责首部设备运行、设施维修养护和作物全生育期的灌溉、施肥工作。种植、中耕、除草及收获等田间管理工作由农户自行完成，并承担节水设施更新维护费用。水管单位适时给予技术指导。农民用水合作组织和村民之间不涉及土地经营权和经济利益关系。

（三）水管单位＋农户管理模式

由水管单位负责首部和固定管网运行管理，并指导农户进行田间灌溉，农户负责田间工程管理。

运行管理方式：水管单位按照灌溉计划供水，由农民用水合作组织负责以村组或轮灌组为单元，通过选举确定各灌水组专管人员，各自负责组织本区域农户按序进行灌溉，统一施肥。灌水组专管人员劳动报酬由农民用水合作组织经一事一议后向受益农户收取，田间节水设施更新维护费用由农户承担。水源工程、首部系统、固定管网更新维护费由水管单位按成本核算在水费中统一收取。

（四）企业（种植大户、农场）＋专管人员管理模式

由企业与农户签订土地（包括高效节水工程）租赁协议，通过土地流转，实现品种、种植、施肥、灌溉、病虫害防治、田间管理、收获、销售的"八统一"，达到集约化、规模化、标准化生产的目的，有利于发展现代农业。

运行管理方式：高效节水工程建成后所有权归水农民用水合作组织，使用权归企业。工程建成后企业聘请专人进行运行管理，管理人员报酬由企业发放，节水设施更新维护费用由企业承担，农民用水合作组织发挥监管作用，水管单位适时给予技术指导。

（五）农民联户管理模式

以一个灌溉系统为单元，农民联户组织管理高效节水工程，实现了种植、施肥、灌溉、病虫害防治、管理的"五统一"，节约了成本，管理费用较低。

运行管理方式：工程建成后产权均归农民用水合作组织，使用权归农民联户。由农民联户负责按轮灌组选举确定灌水专管人员，负责组织农户按序进行灌溉，统一施肥。农户严格按照灌水专管人员的统一安排逐户、逐地块进行灌溉、施肥等。种植、中耕、除草及收获等田间管理工作由农户自行完成。灌水专管人员劳动报酬由协会经一事一议后向受益农户收取，节水设施更新维护费用由农户承担。农民用水合作组织发挥监管作用，水管单位适时给予技术指导。

（六）企业管理模式

由农业产业龙头企业或国有农场企业自主成立专管机构，工程所有权归农户和国有农林场，使用权归企业，由企业进行统一建设、统一种植、统一管理，各类费用由企业自行解决。水管单位适时给予技术指导。

（七）节水设备生产企业＋农户管理模式

这种管理模式是农户联户管理模式的一种延伸发展，工程所有权农民用水合作组织，使用权归节水设备生产企业。由节水设备生产企业成立灌水公司，负责高效节水灌溉工程运行管理，负责更新维护高效节水工程设施，运行管理费用由企业和农户协商承担。农民用水合作组织发挥监管作用，水管单位适时给予技术指导。

第二章

喷灌工程运行管理与维护

第一节　喷　灌　工　程

一、喷灌工程组成

喷灌工程由水源工程、水泵及动力、输配水管网和喷头等部分构成。

（一）水源工程

河流、湖泊、水库、井泉及城市供水系统等都可以作为喷灌的水源，但需要修建相应的水源工程，如泵站及附属设施、水量调节池等。

在植物整个生长季节，水源应有可靠的供水保证，保证水量供应。同时，水源水质应满足灌溉水质标准的要求。

（二）水泵及动力

喷灌需要使用有压力的水才能进行喷洒。通常利用水泵将水提吸、增压、输送到各级管道及各个喷头中，并通过喷头喷洒出来。在利用城市供水系统作为水源的情况下，往往不需要加压水泵。

喷灌用泵可以是各种农用泵，如离心泵、潜水泵、深井泵等。有电力供应的地方，用电动机为水泵提供动力；用电困难的地方，用柴油机、拖拉机或手扶拖拉机等为水泵提供动力，动力机功率大小根据水泵的配套要求确定。

（三）输配水管网

输配水管网的作用是将压力水输送并分配到所需灌溉的种植区域。管网一般包括干管、支干管、支管、竖管。干管、支干管、支管起输、配水作用，竖管安装在支管上，上端接喷头，地喷式喷头可直接安装在支管上。根据需要在管网中安装必要的安全装置，如进排气阀、限压阀、泄水阀等。管网系统需要各种连接和控制的附属配件，包括闸阀、三通、弯头和其他接头等，在干管或支干管的进水阀后还可以接施肥装置。

（四）喷头

喷头一般安装在竖管上。喷头将管道系统输送来的有压水流通过喷嘴喷射到空中，分散成细小的水滴散落下来，灌溉作物，湿润土壤。喷头按工作压力高低可分为高压喷头（大于 500kPa）、中压喷头（200～500kPa）和低压喷头（小于 200kPa）三种。按喷洒特征及结构形式喷头分为固定式喷头和旋转式喷头。固定式喷头又分为折射式、缝隙式及离心式三种。这类喷头无转动部件，结构简单，运行可靠，工作压力低，雾化好，但喷洒范围小，喷灌强度高，多用于温室、园艺、苗圃或装在行喷式喷灌机上使用。旋转式喷头主要由旋转密封机构、流道和驱动机构组成，按驱动喷体方式又分为反作用式、摇臂式和叶轮式三种，这类喷头喷洒半径大，喷灌强度低，喷洒图形为圆形及扇形。

（五）附属设备

喷灌系统中还用到一些附属设备，如从河流、湖泊、渠道取水，则应设拦污设施；为了保护喷灌系统的安全运行，必要时应设置进排气阀、调压阀、安全阀等。在灌溉季节结束后应排空管道中的水，需设泄水阀，以保证喷灌系统安全越冬；为观察喷灌系统的运行状况，在水泵进出水管路上应设置真空表、压力表和水表，在管道上还要设置必要的闸阀，以便配水和检修；考虑综合利用时，如喷洒农药或肥料，应在干管或支管上端设置农药或肥料的调配和注入设备。

二、管道及附件

管道是喷灌系统的重要组成部分，管材必须保证在规定的工作压力下不发生开裂、爆管现象，工作安全可靠。管材在喷灌系统中需用数量多，投资比重较大，需要在设计中按照因地制宜、经济合理的原则选择。此外，管道附件也是管道系统中不可缺少的配件。

(一) 喷灌管材

喷灌管道按照材质分为金属管道和非金属管道，按照使用方式分为固定管道和移动管道。

喷灌系统中可以选用的管材主要有塑料管、钢管、铸铁管、钢筋混凝土管、薄壁铝合金管以及涂塑软管等。一般来讲，地埋管道尽量选用塑料管，地面移动管道可选用薄壁铝合金管及涂塑软管。

1. 塑料管

塑料管是由不同种类的树脂掺入稳定剂、添加剂和润滑剂等挤出成型的。按其材质可以分为硬质聚氯乙烯（UPVC）管、氯化聚氯乙烯（CPVC）管、聚乙烯（PE）管、交联聚乙烯（PE-X）管、三型聚丙烯（PP-R）管、聚丁烯（PB）管、工程塑料（ABS）管、玻璃钢夹砂（RPM）管、铝塑料复合（PAP）管、钢塑复合（SP）管等。喷灌系统中常采用承压能力为 $0.4\sim 1.25MPa$ 的管材。硬质聚氯乙烯（UPVC）管材规格尺寸见表 2-1。

表 2-1　　　　硬质聚氯乙烯（UPVC）管材规格与尺寸公差

公称外径 /mm	平均外径极限偏差 /mm	公称压力 0.25MPa		公称压力 0.40MPa		公称压力 0.63MPa		公称压力 1.00MPa		公称压力 1.25MPa	
		壁厚 /mm	极限偏差 (+)	壁厚 /mm	极限偏差 (+)	壁厚 /mm	极限偏差 (+)	壁厚 /mm	极限偏差 (+)	壁厚 /mm	极限偏差 (+)
20	0.3					0.7	0.3	1.0	0.3	1.2	0.4
25	0.3			0.5	0.3	0.8	0.3	1.2	0.4	1.5	0.4
32	0.3			0.7	0.3	1.0	0.3	1.6	0.4	1.9	0.4
40	0.3	0.5	0.3	0.8	0.3	1.3	0.4	1.9	0.4	2.4	0.5
50	0.3	0.7	0.3	1.0	0.3	1.6	0.4	2.4	0.5	3.0	0.5
63	0.3	0.8	0.3	1.3	0.4	2.0	0.4	3.0	0.5	3.8	0.6
75	0.3	1.0	0.3	1.5	0.4	2.3	0.5	3.6	0.6	4.5	0.7
90	0.3	1.2	0.4	1.8	0.4	2.8	0.5	4.3	0.7	5.4	0.8

公称外径/mm	平均外径极限偏差/mm	公称压力 0.25MPa		公称压力 0.40MPa		公称压力 0.63MPa		公称压力 1.00MPa		公称压力 1.25MPa	
		壁厚/mm	极限偏差（＋）	壁厚/mm	极限偏差（＋）	壁厚/mm	极限偏差（＋）	壁厚/mm	极限偏差（＋）	壁厚/mm	极限偏差（＋）
110	0.4	1.4	0.4	2.2	0.5	3.4	0.6	5.3	0.8	6.6	0.8
125	0.4	1.6	0.4	2.5	0.5	3.9	0.6	6.0	0.8	7.4	1.0
140	0.5	1.8	0.4	2.8	0.5	4.3	0.7	6.7	0.9	8.3	1.1
160	0.5	2.0	0.4	3.2	0.5	4.9	0.7	7.7	1.0	9.5	1.2
180	0.6	2.3	0.5	3.6	0.6	5.5	0.8	8.6	1.1		
200	0.6	2.5	0.5	3.9	0.6	6.2	0.9	9.6	1.2		
225	0.7	2.8	0.5	4.4	0.7	6.9	0.9				
250	0.8	3.1	0.6	4.9	0.7	7.7	1.0				
280	0.9	3.5	0.6	5.5	0.8	8.6	1.1				
315	1.0	3.9	0.6	6.2	0.9	9.7	1.2				

塑料管的优点是重量轻，便于搬运，施工容易，能适应一定的不均匀沉陷，内壁光滑，不生锈，耐腐蚀，水头损失小。其缺点是存在老化脆裂问题，随温度升降变形大。喷灌系统中如果将其作为地埋管道使用，可以最大程度地克服老化脆裂缺点，同时减小温度变化影响，因此地埋管道多选用塑料管。

塑料管的连接形式分为刚性连接和柔性连接，刚性连接有法兰连接、承插黏接和热熔焊接等；柔性连接多为一端R形扩口或使用铸铁管件套橡胶圈止水承插连接。

2. 钢管

常用的钢管有无缝钢管（热轧和冷拔）、焊接钢管和水煤气钢管等。钢管的优点是能够承受动荷载和较高的工作压力，与铸铁管相比较管壁较薄，韧性强，不易断裂，节省材料，连接简单，铺设简便。其缺点是造价较高，易腐蚀，使用寿命较短。因此，钢管一般用于系统的首部连接、管路转弯、穿越道路及障碍等处。钢管一般采用焊接、法兰连接或者螺纹连接方式。

3. 铸铁管

铸铁管可分为铸铁承插直管和砂型离心铸铁管及铸铁法兰直管。铸铁管的优点是：承压能力大，一般为1MPa；工作可靠；寿命长，可使用30～50年；管件齐全，加工安装方便等。其缺点是：重量大，搬运不方便；造价高；内部容易产生铁瘤阻水。铸铁管一般采用法兰接口或者承插接口方式进行连接。

4. 钢筋混凝土管

钢筋混凝土管分为自应力钢筋混凝土管和预应力钢筋混凝土管，均是在混凝土浇制过程中使钢筋受到一定拉力，从而保证其在工作压力范围内不会产生裂缝。钢筋混凝土管的优点是不易腐蚀，经久耐用；长时间输水，内壁不结污垢，保持输水能力；安装简便，性能良好。其缺点是质脆，重量较大，搬运困难。钢筋混凝土管的连接一般采用承插式接口，分为刚性和柔性接头。

5. 薄壁铝合金管

薄壁铝合金管材的优点是：重量轻；能承受较大的工作压力；韧性强，不易断裂；不锈蚀，耐酸性腐蚀；内壁光滑，水力性能好；寿命长，一般可使用15～20年。其缺点是价格较高、抗冲击能力差、耐磨性不及钢管、不耐强碱性腐蚀等。薄壁铝合金管材的配套管件多为铝合金铸件和冲压镀锌钢件。铝合金铸件不怕锈蚀，使用管理简便，有自泄功能；冲压镀锌钢件转角大，对地形变化适应能力强。薄壁铝合金管材的连接多采用快速接头连接。

6. 涂塑软管

用于喷灌系统中的涂塑软管主要有锦纶塑料软管和维纶塑料软管两种。锦纶塑料软管是用锦纶丝织成网状管坯后在内壁涂一层塑料而成；维纶塑料软管是用维纶丝织成网状管坯后在内、外壁涂注聚氯乙烯而成。涂塑软管的优点是：重量轻，便于移动，价格低。其缺点是易老化，不耐磨、怕扎、怕压折，一般只能使用2～3年。涂塑软管接头一般采用内扣式消防接头，常用规格有 $\phi 50$、$\phi 65$ 和 $\phi 80$ 等几种。这种接头用橡胶密封圈止水，密封性能较好。

（二）管道附件

喷灌系统中的管道附件主要为控制件和连接件。控制件的作用是根据喷灌系统的要求来控制管道系统中水流的流量和压力，如阀门、逆止阀、安全阀、空气阀、减压阀、流量调节器等。连接件的作用是根据需要将管道连接成一定形状的管网，连接件也称为管件，如三通、四通、弯头、异径管、堵头等。

1. 控制件

（1）阀门：阀门是控制管道启闭和调节流量的附件，按其结构不同，有闸阀、蝶阀、球阀、截止阀几种，采用螺纹或法兰连接，PE 球阀采用热熔焊接。给水栓是半固定喷灌和移动式喷灌系统的专用阀门，常用于连接固定管道和移动管道，控制水流的通断。

（2）逆止阀：逆止阀也称止回阀，是一种根据阀门前后压力差而自动启闭的阀门，它使水流只能沿一个方向流动，当水流要反方向流动时则自动关闭。在管道式喷灌系统中常在水泵出口处安装逆止阀，以避免水泵突然停机时回水引起的水泵高速倒转。

（3）安全阀：安全阀用于减少管道内超过规定的压力值，它可以防护关闭水锤和充水水锤。

（4）空气阀：空气阀安装在系统的最高部位和管道隆起的顶部，可以在系统充水时将空气排出，并在管道内充满水后自动关闭。

（5）减压阀：减压阀的作用是当管道系统中的水压力超过工作压力时使水压力自动减低到所需压力，适用于喷灌系统的减压阀有薄膜式、弹簧薄膜式和波纹管式等。

（6）流量调节器：在水作用下，流量调节器自动消除管道的剩余压头及压力波动所引起的流量偏差，无论系统压力怎样变化均保持设定流量不变。

2. 管件

不同管材配套不同的管件。塑料管件规格和类型比较系列化，能够满足使用要求。钢制管件通常需要根据实际情况加以制造。

（1）三通和四通：三通和四通主要用于上一级管道和下一级管道的连接，对于单向分水的用三通，对于双向分水的用四通。

（2）弯头：弯头主要用于管道转弯或坡度改变处的管道连接。一般按转弯的中心角大小分类，常用的有 90°弯头、45°弯头等。

（3）异径管：异径管又称大小头，用于连接不同管径的直管段。

（4）堵头：堵头用于封闭管道的末端。

(三) 竖管和支架

竖管是连接喷头的短管，其长度可按照作物茎高不同或同一作物不同的生长阶段来确定，为了拆卸方便，竖管下部常安装可快速拆装的自闭阀（插座）。支架是为稳定竖管因喷头工作而产生的晃动而设置的，硬质支管上的竖管可用两脚支架固定，软质支管上的竖管则需用三脚支架固定。

第二节 喷灌系统运行管理一般要求

喷灌系统管理主要包括组织管理、设备管理、用水管理等，各项管理必须相互协调。

一、组织管理

喷灌设备原则上由农民用水合作组织或农业公司组织管理，具体负责喷灌人员的业务培训与技术指导、喷灌作业的运作与实施、喷灌运作中的技术服务与监督、喷灌系统设施和设备的维修与管护、零部件的有偿供应及工程档案的建立与管理、作业成本及管理费用的分摊和结算收缴、作业质量的验收与基础技术资料的整理和积累、探讨适合本地区特点的各种作物的喷灌技术模式并开展节水节能研究等工作。

农机部门实施对喷灌设备技术状态、安全生产、作业标准、维修保养的监督管理，对操作人员负责技术培训，核发、审验有关证件。

二、设备管理

设备管理包括整个喷灌机组及其附属配套设施的使用、维修养护，做到经常性的管理养护与定期养护，保证工程及设备的完好，配套齐全，运转正常，操作灵活。按安全作业规则进行操作，做到无重大责任事故及人身伤亡事故。

喷灌机组的动力设备技术保养应做到：三灵活（传动灵活、操作灵活、转动灵活）、四不漏（不漏油、不漏水、不漏气、不漏电）、五洁净（油洁净、水洁净、气洁净、机器洁净、工具洁净）；作业机具做到六不

（不缺损、不变形、不锈蚀、不旷动、不松动、不缺油）。

　　喷灌机组及其附属配套设施作业完毕后，应进行统一集中保管，按其规格、型号分类摆放。

　　大型、中型喷灌机、喷灌井必须由农民用水合作组织或农业公司配套、调试运转正常后方可交付农户管理使用，小型喷灌机、喷灌井要求农户在农民用水合作组织或农业公司的监督下管理使用。

　　建立喷灌机、喷灌井的技术管理档案。每台喷灌机、每眼喷灌井均建立一套档案；有条件的农业公司，档案资料要采用电脑管理。

　　喷灌设备操作人员应做到：严格遵守有关操作技术规程，安全运行，减少或避免事故发生，确保设备状态完好；服从技术人员的指导，确保作业质量；管理好喷灌机，维修保养好机电设备；做好喷灌作业记录，包括开停机、耗油耗电量，机井水位抽降深度，抽水量和喷灌亩数；负责机电井的运行与看护；负责井房、燃料管理和发电机的维修和管理。

　　农民用水合作组织或农业公司每年春季对喷灌井进行一次检查，及时组织力量对病井、坏井和淤井进行维修或者重建。

　　宣传有关法律、法规，教育群众爱护喷灌机、喷灌井和井房等水利工程设备设施。

三、用水管理

　　每年根据农作物种植情况及土壤、气候、供水、机具类型等条件，结合作物不同生育期的需水规律，制定适合本地区作物特点的喷灌灌溉制度和年用水计划；每次灌水前，依据土壤水分和作物生长情况，确定实际的灌水时间和灌溉水量。

　　灌水时应按作业计划进行，并做好记录。记录应包括作物种类、灌溉面积；灌水日期和作业时间；轮灌组序号和同时运行的支管编号；水表和压力表等仪表读数；施肥种类、施肥量；计划灌水定额和实际灌水量；运行状况、事故和处理结果等内容。

　　加强科学灌溉试验研究，积极推广高产、省水、节能、低成本的灌溉模式和经验，力求低成本、高产出、高效益。开展地下水观测工作，掌握水位、出水量和水质变化规律，为合理开发利用地下水提供科学依据。要认真进行水位和抽水资料的积累工作，按年度向水行政主管部门上报地下水实际开采情况。

第三节 喷灌工程运行管理与维护

一、喷灌工程管理与维护

(一) 水源工程

水源工程必须按年用水计划和作业计划规定的供水量和供水时间保证供水。

水源水质应符合 GB 5084—2021《农田灌溉水质标准》的规定。必要时，应对水源水质进行检测。

以河流、渠道、水库、塘堰、机井等为水源的水源工程管理，应按有关规范的规定执行。

(二) 首部工程

喷灌工程加压泵站的工程管理，应符合 SL 255—2000《泵站技术管理规程》的要求。自压工程首部的水池及控制设施，应按设计要求及时清淤、清污和维修。

(三) 渠道工程

灌溉季节前，应对明渠、暗渠（管）及其建筑物进行全面检查，并清除淤积物和杂草，修复损坏部位。灌溉时，应对渠道工程进行定期巡视检查，如发现严重漏水、溃水及控制闸（阀）失灵等，应及时抢修。灌溉季节后，应及时排除暗渠（暗管）积水，封堵进、出水口；应对阀门井和检查井加盖，启闭机构涂油；在寒冷地区，还应采取必要的防冻害措施。

二、喷灌系统的首部设备运行与维护

在灌溉季节开始前，要对喷灌系统中所有的首部设备进行一次全面检查。检查主要针对系统各部件是否齐全完好、控制系统是否灵活等进行，发现问题应及时修理和补充。

必须对喷灌系统中的各种喷灌设备按产品说明书规定和设计条件分别编制正确的操作规程和运行要求，喷灌系统应按设计工作压力要求运行，应在设计风速范围内作业。应认真做好运行记录，记录内容包括设备运行时间、系统工作压力、系统流量、故障、故障排除、收费情况、值班人员等。喷灌系统运行记录表见表2-2。

表 2-2　　　　　　　　　　喷灌系统运行记录表

设备运行时间	系统工作压力/MPa	系统流量/(L/h)	故障	故障排除	收费情况	值班人员

喷灌系统首部设备主要包括动力机、水泵、调压罐、施肥装置、过滤器等。

（一）动力机

1. 设备管理运行

（1）电动机启动前应进行检查，并应符合下列要求。

1）电气接线正确，仪表显示正位，转子转动灵活、无摩擦声和其他杂音，电源电压正常。

2）电动机应空载（或轻载）启动，待电流表示值开始回降方可投入运行。

3）电动机正常工作电流不应超过额定电流；如遇电动机温度骤升或其他异常情况，应立即停机排除故障。

4）电动机外壳应接地良好。

5）配电盘配线和室内线路应保持良好绝缘。电缆线的芯线不得裸露。

6）电动机运行除应符合本规程规定外，尚应执行 DL/T 499—2001《农村低压电力技术规程》的有关规定。

（2）柴油机启动前应进行检查，并应符合下列要求。

1）零部件完整，联结紧固。

2）机油油位适中，冷却水和柴油充足，水路、油路畅通。

3）用辅机启动的柴油机，辅机工作可靠。

4）柴油机的用油应符合要求，严禁使用未经过滤的机油和柴油。

5）柴油机经多次操作不能启动或启动后工作不正常，必须排除故障后再行启动。

6) 对于水冷式柴油机，启动后应怠速预热，然后缓慢增加转速，宜在冷却水温度达到 60℃ 以上、机油温度达到 45℃ 时满负荷运转。

7) 柴油机运转过程中，仪表显示应稳定在规定范围内，无杂音，不冒黑烟。

8) 柴油机事故停车时，除应查明事故原因和排除故障外，尚应全面检查各零部件及其连接情况，待确认无损坏、连接紧固时方可按柴油机启动步骤重新启动。

9) 柴油机正常停车时，应先去掉负荷，并逐渐降低转速。

10) 对于水冷式柴油机，宜在水温下降到 70℃ 以下停车。当环境温度低于 5℃，停车后水温降低到 30~40℃ 时方可放净冷却水。

11) 柴油机应定期检查调速器。

12) 严禁取下柴油机空气滤清器启动和运行，严禁在超负荷情况下长时间运转。

13) 若发生飞车，可松开减压拉杆或高压油管接头，或堵死空气滤清器，强行停车。

2. 维护与保养

长期存放的电动机应保持干燥、洁净。对经常运行的电动机，应按照接线盒盖完整、压线螺丝无松动和无烧伤、接地良好等要求，每月进行一次安全检查。灌溉季节过后，应对电动机进行一次检修。对绝缘电阻值小于 0.5MΩ 的电动机，应进行烘干，下一灌溉季节开始前应进行复测。

柴油机应按规定的周期进行技术保养。长期存放的柴油机应放净柴油、机油；水冷式柴油机应放净冷却水，清除水箱水垢；风冷式柴油机应清除风道内和散热片上的污物；应清洗或更换空气滤清器和机油粗、细滤清器芯；应向缸筒内注入 10~15g 新机油，同时应封堵空气滤清器口、排气管口和水箱口，并覆盖机体。

（二）水泵

1. 水泵启动前的检查

水泵各紧固件无松动；泵轴转动灵活，无杂音；填料压盖或机械密封弹簧的松紧度适宜。

采用机油润滑的水泵，油质洁净，油位适中。

采用真空泵充水的水泵，真空管道上的闸阀处于开启位置。

水泵吸水管进口和长轴深井泵、潜水电泵进水节的淹没深和悬空高达到规定要求。

潜水电泵严禁用电缆吊装入水。

自吸离心泵第一次启动前，泵体内应注入循环水，水位应保持在叶轮轴心线以上。

若启动 3min 不出水，必须停机检查。

长轴深井泵启动前，应注入适量的预润水，对于静水位超过 50m 的长轴深井泵，应连续注入预润水，直至深井泵正常出水。

相邻两次启动的时间间隔不得少于 5min。

离心泵应关阀启动，待转速达到额定值并稳定时再缓慢开启闸阀。停机时应先缓慢关闭闸阀。

水泵在运行中，各种仪表读数应在规定范围内。填料处的滴水宜调整在每分钟 10～30 滴。轴承部位温度宜在 20～40℃，最高不得超过 75℃。运行中如出现较大振动或异常现象，必须停机检查。

水泵机组运行检查表见表 2-3。

表 2-3　　　　　　　　水泵机组运行检查表

运行管理单位：				水泵型号：					动力机型号：			
日期	运行状态		电压/V	电流/A	压力表压力/MPa	电机温度/℃	水泵轴承响声	阀门水封填料	机房通风卫生	变频设定压力/MPa	电控装置	备注	检查人签名
	自动	手动											

2. 维护与保养

采用钙基脂作润滑油的水泵，每年运行前应将轴承、轴承体清洗干净，更换一次润滑油。采用机油润滑的新泵，运行 100h 后应清洗轴承体内腔，更换机油；投入正常运行后，每工作 500h 应更换一次机油。离心泵运行 1500～2000h 后，要对所有部件拆卸检查，清洗除锈，维护保养。

井用潜水电泵和长轴深井泵每使用一年宜进行一次检修保养。若运行平稳，耗电（油）正常，主要性能指标不低于铭牌标示的额定值，检修保养周期可适当延长。

灌溉季节过后，应将泵体内积水放净。冬灌期间每次使用后均应及时将泵体内积水放净。

长期存放时，泵壳及叶轮等过流部位应涂油防锈。潜水电泵应存放于室内。

水泵机组保养记录表见表2-4。

表2-4　　　　　　　　　　水泵机组保养记录表

名　　称		编　　号		保养人	
外表清洁		主电路螺丝坚固		审核人	
接触器触点		手动盘转		滴漏水检查	
运转声响		轴承温升加润滑油		压力表	
泵自动启停		泵手动启停		指示灯仪表	
电机电流	A相：		B相：		C相：
备注：					

（三）调压罐

1. 设备管理运行

调压罐是恒压灌溉系统工作过程中，在喷头开启数变化的条件下，为保持工作压力相对稳定的专用压力容器。调压罐运行前应进行检查，并应符合下列要求：传感器、电接点压力表等自控仪器完好，线路正常，压力预置值正确；控制阀门启闭灵活，安全阀、排气阀动作可靠；充气装置完好。运行中必须经常观察罐体各部位，不得有泄气、漏水现象。

2. 维护与保养

冬季灌水后，露天设置的调压罐应泄空。灌溉季节后，应对调压罐的自控仪器、控制闸阀、控制线路、充气装置等进行全面检修和养护。应定期对调压罐的内外表面进行防锈处理。

（四）施肥装置

1. 设备管理运行

运行前应对施肥装置进行检查，并应符合下列要求：各部件连接牢固，承压部位密封；压力表灵敏，阀门启闭灵活，接口位置正确。应按需要量投肥，并按使用说明进行施肥作业。施肥后必须利用清水将系统内的肥液冲洗干净。喷灌施肥器容积和注肥流量的确定如下。

（1）施肥器容积。施肥器容积应与稀释度相适应，稀释度越低所需要的装置容积就越大。为了保证一次施肥的要求，肥料装置应有足够的容量，用下式进行计算：

$$W = FA/C$$

式中　W——施肥器容积，L；

　　　F——每次施肥时单位面积上的施肥量，kg/亩；

　　　A——施肥面积，亩；

　　　C——肥料装置中肥料溶液的浓度，kg/L。

（2）注肥流量。施肥器注肥流量可按式下计算：

$$q = w/t$$

式中　q——注肥流量，L/（h·亩）；

　　　w——液肥施用量，L/亩；

　　　t——施肥历时，h，一般要与喷灌时间对应，要小于一次灌水时间。

另外，需注意的是注入肥液的适宜浓度为灌溉水量的0.1%。

2. 维护与保养

每次施肥后，应对施肥装置进行保养，并检查进、出口接头的连接和密封情况。灌溉季节后，应对施肥装置各部件进行全面检修，清洗污垢，更换损坏和被腐蚀的零部件，并对易蚀部件和部位进行处理。

（五）过滤器

1. 设备管理运行

运行前应对过滤器进行检查，并应符合下列要求：各部件齐全、紧固，仪表灵敏，阀门启闭灵活。开泵后排净空气，检查过滤器，若有漏水现象应及时处理。

2. 维护与保养

灌溉季节后，应对旋流水沙分离器进行维护和保养，彻底清除积沙，对进、出口和储沙罐等进行检查，修复损坏部位。使用筛网过滤器时，每次灌水后应取出过滤元件进行清洗，并更换已损坏的部件。灌溉季节后，应及时取出过滤元件进行彻底清洗，并对各部件进行全面保养。灌溉季节后，应清洗叠片式过滤器的过滤元件，并对其他部件进行保养，更换已损坏的零部件。使用砂过滤器时，应及时检查各连接部件是否松动，密封性能是否良好，发现问题应随时处理。灌溉季节后，应进行全面检查，若滤砂结块或污物较多，应彻底清洗滤砂，必要时补充新砂。

三、喷灌系统运行与维护

(一) 固定式管道喷灌系统

固定式管道喷灌系统操作管理方便，易于实行自动化控制，生产效率高，但竖管对机耕及其他农业操作有一定的影响，设备利用率低，一般适用于经济条件较好的城市园林、花卉和草地的灌溉，或灌水次数频繁、经济效益高的蔬菜和果园的灌溉等，也可在地面坡度较陡的山丘和利用自然水头喷灌的地区使用。

1. 系统运行

(1) 在使用喷头时应注意要仔细阅读使用说明书，熟悉喷头特点、性能（工作压力、喷水量、射程等）和使用注意事项，需符合下列要求：零件齐全，连接牢固，喷嘴规格无误；流道通畅，转动灵活，换向可靠。

(2) 启动前检查水泵，变频器电压是否正常。

(3) 启动水泵，缓慢开启阀门使水流进入管网，并使阀门后的压力表达到设计压力，系统应严格按照设计压力运行，以保证系统安全、高效运行。

(4) 根据轮灌方案，同时打开相邻的两趟支管的闸阀，当一个轮灌小区结束后，先开启下一个轮灌组，再关闭当前轮灌组，先开后关，严禁先关后开，防止管道冲压憋水造成管道损坏。

(5) 在多风地区，应根据风速和风向变化及时调整系统工作制度和操作方法。固定式喷灌系统为保证灌水均匀度，当白天有风时，可将灌溉时间更改到夜间，或缩小喷头间距、采用顺风扇形喷洒。当风力达到 3～4 级时应停止喷灌。

(6) 检查支管和喷头运行情况。如果出现喷射距离近的情况，检查是否有管道漏水或是开启阀门过多现象。如有漏水，应先开启邻近一个闸阀，再关闭对应闸阀进行处理。

2. 系统维护与保养

(1) 灌溉季节后，应对管道进行维修和保养，内容应包括：冲净泥沙、排空余水；保养安全保护设备和量测仪表；阀门、启闭机涂油，阀门井加盖；地理管与地面可拆卸部分的接口处加盖或妥善包扎，地面金属管道表面定期进行防锈处理。寒冷地区，还应对阀门井、干支管接头处及地埋管与地面管道接口处采取防冻措施等。

（2）每次灌水后，应对管道和管件进行检查、修理或更换。移动管道应按不同材质、规格码堆存放在平整的地面上，堆与堆之间应留通道。两端带有管件的硬管应分层纵横交错或层间加设垫木前后交错存放；一端带管件的硬管应分层前后交错存放；塑料管层间不得加设垫木；软质塑料管和直径不大于 50mm 的半软质塑料管应晾干、卷盘捆扎存放。金属管的堆放高度不宜超过 1.5m，塑料管的堆放高度不宜超过 1.0m。塑料管不应露天存放，距离热源不得小于 1.5m。管件、量测仪表和止水橡胶圈应按不同规格、型号分类排列，置于架上，不得重压。

（3）每次作业完毕应将喷头清洗干净，及时更换损坏部件。灌溉季节后应对喷头进行保养，应包括如下内容：按顺序拆卸各零件，检查磨损情况，更换磨损严重影响正常使用的零件。擦净各零件的水迹，除去污渍和锈斑，在转动部位涂上黄油，按顺序重新组装。喷头应用纸包好，分类排列存放。

（二）卷盘式喷灌机

绞盘式喷灌机是将喷枪或悬臂喷洒支架装在轮式小车上，由水力驱动装置驱动绞盘转动，缠绕软管使喷头车边运行边喷洒的喷灌机。其特点是机动灵活，适应能力强；操作简单，机械化程度高；结构紧凑，便于保管；悬臂式喷灌机喷洒均匀度高。绞盘式喷灌机几乎适用于灌溉各种质地的土壤，以及各种大田作物、蔬菜、经济作物和牧草等。喷灌机只能在预定范围内行走，行走区域内不能有高大的障碍物，土地要求平整，地面坡度不应大于 11°。单喷头车和悬臂式喷灌机适用范围不同，单喷头车绞盘式喷灌机喷洒水滴大，打击力强，不适合于灌溉作物幼苗和蔬菜等。悬臂式喷灌机雾化程度高，适合于灌溉蔬菜和作物幼苗；因悬臂地隙高度小，适合于灌溉矮秆作物和高秆作物幼苗。卷盘式喷灌机如图 2-1 所示。

1. 作业方式

卷盘式喷灌机工作特点是由卷盘车缠绕软管拖动喷头车边走边喷。作业过程：用拖拉机将喷灌机牵引到地边第一条带的给水栓处，将卷盘车支稳，连接给水栓，用拖拉机将喷头车牵引到地头，打开给水栓，压力水即进入管道和喷头，开始喷洒，至卷盘车自动停车。然后，用拖拉机将喷灌机传动 180°，将喷头拉至该条带另一侧，依以上步骤进行喷灌。卷盘式喷灌机作业方式如图 2-2 所示。

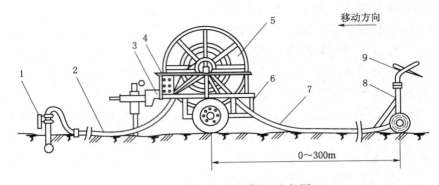

图 2-1 卷盘式喷灌机示意图

1—给水栓；2—供水管；3—水动力机；4—调速器；5—卷盘车；

6—机架（底盘）；7—PE软管；8—喷头车；9—喷头

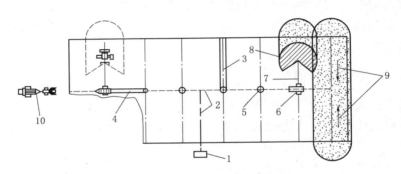

图 2-2 卷盘式喷灌机作业方式图

1—泵站；2—地埋管道；3—喷头车道；4—卷盘车道；5—给水栓；6—卷盘车；

7—PE软管；8—喷头车；9—喷头车转动方向；10—拖拉机牵引进地

2. 喷灌机运行操作

（1）使用前的准备。

1）将喷灌机牵引至工作位置，并用千斤顶将底盘调整到水平位置。摘下回转支撑定位销，旋转喷灌机，使喷水行车正对灌溉带的方向，再用定位销将回转支撑固定。

2）摘下锚桩上的定位销，并用手轮将锚桩插入地下，再插上定位销锁紧。若地面较硬，应掘出足够深的坑以放下锚桩头。

3）根据作物种类及工作区域的实际情况，设定喷水行车的轮距，并用顶丝紧固。喷水行车必须对称连接。

4）抬起锁定杆，缓慢压下变速杆放松PE管使喷水行车缓缓落下。喷水行车落到地面后，将变速杆放置并固定在"PE管铺放"位置。

5）设定喷洒范围，连接牵引机与喷水行车的牵引杆。

6）铺放PE管。喷水行车拉出时，最大速度不得超过1000m/h，铺放PE管到尽头时，应减缓牵引速度并缓慢停车，当绞盘上出现白色标记时，应立即停止铺放。

（2）喷灌机喷洒运行。

1）用软管连接喷灌机进水管和给水栓，打开水泵或给水栓，开始灌溉。

2）当入机压力达到工作压力并无气泡喷出时，将变速杆置于适当的回收挡位，调整速度控制手柄的位置，观察液晶速度计，使PE管的回收速度达到要求，用五星螺母锁紧速度控制手柄。

3）喷水行车回收至主机前，关闭杆将喷水行车抬升，同时变速箱自动脱挡，从而结束回卷过程。如需中途停止喷灌，PE管须通过PTO轴（可选备件）回收或者人力回收。

4）PE管回收完毕后，继续喷灌5min，然后关闭给水栓或水泵。

3.运行中注意事项

（1）水泵启动后，如果3min未出水，应停机检查。水泵运行中若出现不正常现象，如杂声、振动、水量下降等，应立即停机，要注意轴承温升，其温度不可超过75℃。

（2）观察喷头工作是否正常，有无转动不均匀，过快、过慢甚至不转动的现象。观察转向是否灵活，有无异常现象。

（3）应尽量避免引用泥沙含量过多的水进行喷灌，否则容易磨损水泵叶轮和喷头的喷嘴，并影响作物的生长。为了适用于不同的土质和作物，需要更换喷嘴，调整喷头转速时，可以通过拧紧或放松摇臂弹簧来实现。

（4）摇臂是悬支在摇臂轴上的，还可以转动调位螺钉调整摇臂头部的入水深度来控制喷头转速。调整反转的位置可以改变反转速度。

（5）喷头转速调整好的标志是在不产生地表径流的前提下尽量采用慢的转动速度，一般小喷头1～2min转1圈，中喷头3～4min转1圈，大喷头5～7min转1圈。

4.常见故障及排除

（1）当PE管无法拉伸或PE管突然停止回收时，应检查变速杆位置是否正确，如不正确应进行调整；或看刹车带是否粘贴在刹车鼓上，如粘贴在刹车鼓上，应放松刹车带；如果水涡轮被异物堵塞，应去掉异物；或检查水泵及给水栓拉头，看供水管路压力是否下降，如压力下降，则增大供水压力；或检查三角带是否太松，如太松可调整三角带松紧度。

（2）当PE管拉伸时变松，原因是牵引机突然停车，应缓慢停车。

（3）当无法达到所定的回收速度时，应检查驱动机构变速设置是否正确，应选择正确的变速设置。

（4）当喷洒达不到要求时，看喷嘴是否堵塞，如堵塞应清理喷嘴，除去污物；如果不是喷嘴堵塞，就要看功能表上的数值是否压力低、流量小，应及时调整入口压力及流量。

（5）喷头车无法举起来的原因是三角带打滑，应调整或更换三角带。

5. 使用后的维护保养

（1）喷灌机日常保养内容和频率。每次灌溉季节开始和结束时，应彻底检查、清洗相关设备，日常保养内容和频率见表2-5。

表 2-5　　　　　　　　　日常保养内容和频率表

序号	保养部位	保养周期	保养内容
1	往复丝杠及滑块	每250h	清理污垢后加注黄油
2	往复丝杠驱动链条	每250h	清理污垢后加注黄油
3	变速箱	第1次500h，此后每年1次	如变速箱出现渗油现象，应立即检查油量并修复漏油处。润滑油应采用220号齿轮油
4	主机及喷水行车轮胎	气压不足时	按规定气压充气
5	千斤顶	每半年1次或需要时	加注黄油
6	水涡轮	灌溉季节结束时	松开水涡轮放水丝堵，放净水涡轮中积水
7	绞盘驱动链条	每250h	清理污垢后加注黄油
8	绞盘轴承座	每500h	加注黄油
9	关闭杆滑板	需要时	清理污垢后加注黄油
10	回转支撑	每500h	加注黄油
11	各部位连接螺栓	每工作50h	旋紧螺栓或螺母

（2）喷灌机保养。

1）在气温降至0℃以前，拆下喷水行车的连接软管，用一台气压

0.25MPa、出气量800L/min的空气压缩机连接在机器的进水口，将PE管内的水吹出。

2）将PE管内水吹出后，用扳手拧开水涡轮下部的放水堵，将水涡轮内的水排出，下次使用时再将放水堵装上。

3）拆下连接软管，排干净软管内的水，刷干净外表面的泥土，将软管卷起来，保存在干燥、通风、避光的地方。

4）将机器清洗干净，在合适的部位涂上黄油，并将机器放置在遮风挡雨的固定场地。

（三）中心支轴式喷灌机

中心支轴式喷灌机也称时针式喷灌机或圆形喷灌机，是将装有喷头的管道支承在可自动行走的支架上，围绕备有供水系统的中心点边旋转边喷灌的大型喷灌机。该喷灌机几乎适用于灌溉各种质地的土壤，以及各种大田作物、蔬菜、经济作物和牧草等。我国西北、东北、华北各地和广东、广西、云南、贵州等的广大农牧业区，凡土地连片，作物种类统一，地面上无电杆、排水沟等障碍物的均可使用。中心支轴式喷灌机工作方式如图2-3所示。

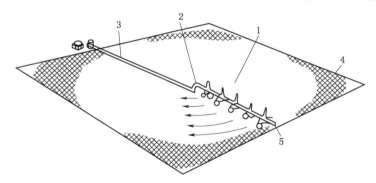

图2-3　中心支轴式喷灌机工作方式示意图

1—自行走塔架；2—转动中心；3—输水管道；
4—末端远射程喷头控制范围；5—装有喷头的喷灌管道

1. 喷灌机使用前的检查

（1）检查各组成部件是否有漏装或错装。

（2）检查主控制箱、所有塔架盒和行走驱动电动机外壳是否与接地体可靠连接，接地电阻是否符合要求。

（3）检查动力电缆和控制电缆的对地绝缘电阻是否符合要求。

（4）检查万向节和传动轴保护套是否完整、有效。

（5）检查各种警示牌是否完整、清晰。

（6）检查各组成部件连接处的螺栓是否紧固。

（7）检查电控系统接线是否正确、可靠。

（8）检查各塔架盒内的调整凸轮和微动开关相对位置是否正确，交流接触器触头的表面是否良好。

（9）检查两级减速器内的润滑油量是否适中。

（10）检查车轮轮胎的气压是否充足。

（11）检查灌溉范围内是否有影响喷灌机行走的障碍物。

（12）围绕所灌溉地块巡视一圈，检查各塔架车轮辙线上是否有凹坑或障碍物。

2. 运行操作

（1）喷灌机的启动。

1）接通电源，观察电压表、电流表读数是否正常。

2）启动水泵，缓慢打开水泵出口阀门。为防止管道中发生水锤，并有利于排除管内的空气，水泵出口阀门刚开始只需稍稍开启，待输水管中充满水后，再将阀门缓慢打开，直到所有喷头工作正常。

3）根据灌水量要求，将百分率时间继电器调节到所需位置。

4）按照运行方向（正向或反向），选定方向转换开关。

5）按下运行按钮，使喷灌机开始运行。

（2）喷灌机运行中的检查。

1）检查电压表、电流表指示是否正常。

2）检查供水泵运行是否正常，入机压力是否在设计规定范围内。

3）检查行走驱动组件是否有异常声音，两级减速器是否有漏油、进水现象。

4）检查各跨桁架是否有塌落、偏斜现象，车轮行走轨迹是否重合。

5）检查喷头工作是否正常。

（3）停机后的检查。

1）检查供水主阀门是否关闭。

2）检查所有泄水阀是否能正常泄水。

（4）其他注意事项。

1）当气温低于 4℃、风力大于 3 级时，通常不宜进行灌水作业。

2）喷灌机通常应正向和反向交替运行。

3）通过喷灌机喷洒化肥、农药后，应及时冲洗管道。

4）应及时根据灌水需求调整百分率计时器数值，使喷灌机按适宜速度运行。

3. 维护与保养

（1）维护保养。

1）喷灌机的维护保养项目详见表 2-6。

2）柴油机、发电机、水泵等喷灌机配套设备的维护保养应按有关规定和相应的使用维护说明书进行。

表 2-6 　　　　　　　　　　喷灌机的维护保养项目

	维护保养部位和项目	一次灌水后	运行 260h 后	长期停放
中心支座	（1）所有紧固件是否松动	＊	＊	＊
	（2）链锁是否牢固	＊	＊	＊
	（3）供水管与支轴弯管连接处是否漏水	＊	＊	＊
	（4）支轴弯管与转动套润滑是否良好	＊	＊	＊
	（5）主控制箱元器件是否完好、有效	＊	＊	＊
	（6）接地体连接是否完好、有效	＊	＊	＊
桁架	（1）拉筋调整螺母（M22）是否松动	＊	＊	＊
	（2）桁架连接处球头螺母（M30）是否松动	＊	＊	＊
	（3）输水管法兰连接处是否漏水	＊	＊	＊
	（4）电缆有无损伤或老化	＊	＊	＊
	（5）喷头工作是否正常，有无堵塞	＊	＊	＊
	（6）桁架间胶管连接处是否漏水	＊	＊	＊
	（7）泄水阀能否正常工作	＊	＊	＊
塔架车	（1）所有紧固件是否松动	＊	＊	＊
	（2）车轮轮胎气压是否正常	＊	＊	＊
	（3）车轮轨迹是否重合		＊	＊
	（4）减速器润滑是否良好	＊	＊	＊
	（5）更换减速器润滑油	＊	＊	＊

注　表中 ＊ 为需维护保养内容。

（2）越冬存放与管理。

1）喷灌机应停放在便于看护且长度方向与当地主风向平行的适当位置。

2）清除输水支管内的沉积物，排净管内的存水。

3）卸开中心支座处的链锁。

4）拆下主控制箱、塔架盒、电缆、电动机等，入库保存。

5）支起塔架车底梁，使车轮离地 100～150mm。

6）卸下喷头、压力调节器、悬吊管、接头、配重等，入库保存。

7）将柴油机、发电机、水泵等配套设备存入库房。

（四）喷头常见故障及排除方法

（1）水舌性状异常。产生水舌性状异常故障现象的原因可能是喷头加工精度的问题，有毛刺或损伤，应把喷头打磨光滑或更换喷嘴；也可能是喷嘴内部损坏严重，应更换喷嘴；或者是喷头内部有异物阻塞，应拆开喷头清除异物；还可能是整流器扭曲变形，应修理或更换整流器。

（2）水舌性状尚可，但射程不够。出现射程不够故障现象时，原因可能是喷头转速太快，应适当调小喷头转速；也可能是工作压力不够，应按设计要求调高工作压力。

（3）喷头转动部分漏水。产生喷头转动部分漏水故障现象时，原因可能是垫圈磨损、止水胶圈损坏或安装不当，应更换新件或重新安装；也可能是垫圈中进入泥沙，密封端面配合不严密，应拆开彻底清洗；还可能是喷头加工精度不够，应修理或更换新件。

（4）摇臂式喷头不转动或转动慢。出现喷头不转动或转动慢故障现象时，原因可能是空心轴与轴套之间间隙过小，应车削或打磨加大间隙；也可能是安装时轴套拧得太紧，应适当拧松轴套；还可能是空心轴与轴套间进入泥沙而堵塞，应拆开清洗干净后重新安装。

（5）摇臂张角太小或甩不开。出现这一故障现象的原因可能是摇臂与摇臂轴配合过紧，阻力太大，应适当加大间隙；也可能是摇臂弹簧压得过紧，应适当调低弹簧压力；也可能是摇臂安装过高，导水器不能切入水舌，应适当调低摇臂的位置；还可能是供水压力不足，应适当调高供水工作压力。

第三章

微灌工程运行管理与维护

第一节 微灌工程组成与运行管理基本要求

一、微灌系统组成

微灌系统由水源工程、首部枢纽、输配水管道、灌水器等组成。

（1）水源工程：河流、湖泊、沟渠、机井等均可作为微灌水源。

（2）首部枢纽：首部枢纽由泵站、肥料和农药注入设备、水质净化设备和各种控制、调节、量测设备及安全装置如控制阀、进排气阀、调节阀、压力及流量量测仪表等组成。水质净化设备主要有水砂分离器、砂石介质过滤器、叠片过滤器、筛网式过滤器等。

（3）输配水管道：输配水管道包括主干管、分干管、支管、附管、毛管及必要的流量、压力调节设备等。

（4）灌水器：灌水器是滴灌系统的重要组成部分，灌水器种类繁多，各有特点，适用条件也不同，包括滴头、滴灌带等。灌水器的好坏直接影响滴灌系统的寿命及灌水质量的高低。

滴灌工程示意如图 3-1 所示。

二、微灌工程运行管理基本要求

微灌设备运行管护必须坚持"谁使用谁负责，谁使用谁管理"的原则。微灌工程必须明确使用和管理主体，充分发挥农民用水户协会的作用，坚持使用者自主管理，做到使用与管理相统一，利益与责任相统一。

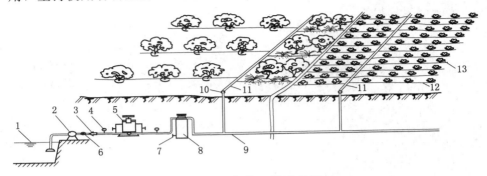

图 3-1 滴灌工程示意图

1—水源；2—水泵；3—水表；4—压力表；5—施肥设备；6—阀门；7—冲洗阀；
8—过滤器；9—干管；10—流量调节器；11—支管；12—毛管；13—作物

微灌工程运行管护的基本要求是保证作物适时适量地灌水，充分地发挥工程效益。

（一）组织管理

微灌工程的管理运行首先应因地制宜地建立高效节水工程的管理组织，科学制定管理办法、用水计划等。微灌系统需建立相应的管理组织规章制度，管理人员需经过系统的培训，把工程运行管理维护与有关管理人员的经济利益联系起来，充分调动管理人员的积极性，不能随易更换管理人员，管理人员应当较为固定。

微灌工程成功与否"三分在建设、七分在管理"。应当探索形成基本适应微灌集约化经营管理的农业生产合作组织管理模式。认真总结微灌工程的运作方式和特点，建立以村集体或农民用水合作组织为主的管理组织，建立一整套严格的管理制度，加强对微灌工程管理人员的培训管理，制定工程维修养护的办法，确保微灌工程的良好运行。建立健全用水管理组织制度，实行"统一管理，统一灌水，计划供水"的办法。管好工程，用好水。

（二）工程管理

微灌工程的管理包括微灌系统的提水设备、输水系统和控制阀门、过滤器、灌水器等工程的管理，要保证微灌系统的良好运行状态，不断降低维修费用，降低运行成本。

要保证微灌系统的正常运行，在灌水之前一定要检查水泵、过滤设备、控制阀门及田间毛管是否完好。输水管道由于埋在地下，所以在运行期间要经常巡视，发现有漏水现象要及时停水维修。在年底灌水结束后，要把管道内的积水排除。

微灌工程管理主要是对输水管道系统和灌水器的管理，管道系统由输水干管及配套管件组成，在运行期间要保证管道系统的完好，不发生事故。

运行中应当随时检查灌水器的工作状态，对于堵塞的灌水器的毛管应当及时更换。

（三）用水管理

微灌工程的用水管理主要是通过对微灌系统中各部分设施的控制、调度，合理分配灌水区域内的灌溉水量，以达到充分发挥工程作用，合理利用水资源，促进农业高产稳产和获得较高的经济效益的目的。

灌区的管理人员应当结合水源可供给的水量、作物种植面积、气象条件、工程条件等，制定灌水次数、灌水定额、每次灌水所需的时间及灌水周期、灌水秩序等。同时，在每次灌水之前还要根据当时作物生长及土壤墒情的实际情况，对计划加以修正。

为了提高用水管理水平，应建立工程技术档案和运行记录制度，及时填写机泵运行和田间灌水记录，做好运行记录，记录内容有时间、地点、天气情况、作物、节水面积、运行时间、节水质量、运行情况等。

每次灌水结束后，应观测土壤含水率、灌水均匀度、湿润层深度等指标。根据记录进行有关技术指标的统计分析，以便积累灌水经验，修改用水计划。

第二节 微 灌 工 程 运 行

一、当年灌溉季节前的准备

（一）水源点检查

（1）将进入微灌系统的障碍物移除。

（2）将取水点周围表层藻类和浮游植物清除。

（二）首部水泵及电器等设备检查

（1）检查首部系统设备安装连接是否符合要求。

（2）检查水泵、电机设备是否正常，三相电是否缺相，电压是否为380～420V。

（3）将水泵的任何漏油清理干净，给活动部件加润滑油。

（4）检查变频设备参数设置与设计或上个灌溉季节的正常运行参数是否一致。

（5）检查阀门是否开关正常，如发现问题及时更换。

（6）检查各部位螺栓是否松动，如有问题及时处理。

（7）校正压力表和水表。

（8）按照有关设备生产厂家要求进行设备保养。

（三）过滤与施肥设备检查

（1）如果是砂石过滤器，打开过滤罐的顶盖，检查砂石滤料的数量，并与灌体上的标识相比较，若数量不足，需及时补足，以免影响过滤质量；若砂石滤料上有悬浮物，要立即捞出，同时在每个罐体内加一包氯球，放置30min后启动，每个罐体各反冲120s两次，然后打开过滤器的盖子和罐体底部的排水阀将水全部排净，再将过滤器压力表下面的旋钮置于排气位置；若罐体表面或金属进水管路的金属镀层有损坏，在立即清锈后重新喷涂。

（2）如果是叠片过滤器，检查是否有变形的叠片，如有变形则需更换。

（3）如果是筛网过滤器，需要抽出网式过滤器芯，检查是否损坏，如有损坏需更换。

（4）如果是离心器，需要检查罐体下泥沙淤积情况，清理干净沉积泥沙。

（5）检查施肥罐或注肥泵等设备的零部件以及与灌溉系统连接是否正确，清除罐体内积存污物，防止其进入管道。

二、微灌系统运行

（一）水泵运行

1. 启动设备为软启动或自耦降压启动

（1）水泵出口蝶阀和反冲洗排水蝶阀应处于关闭状态；打开水泵上排气阀，关闭水泵出口蝶阀，开始加水（井用潜水泵没有此程序），使水充满整个泵腔，然后关闭排气阀。

（2）开机，启动水泵，当水泵达到正常转速后再缓慢开启出水口蝶阀，第一次开机应将蝶阀完全开启时间控制在 30min 以上。从开启出水口蝶阀到出水口蝶阀完全打开是一个慢慢开启的过程。在以后运行中开启应控制在 10min 以上。

（3）水泵运行后，观察首部各部压力的变化。正常情况下首部装置的进口与出口的压差应小于 0.07MPa（或小于 7m）。

2. 启动设备为变频启动

（1）过滤器出口应处于关闭状态，水泵出口蝶阀处于打开状态。打开水泵上排气阀，关闭水泵出口蝶阀，开始加水，使水充满整个泵腔，然后关闭排气阀。

（2）开机，启动水泵，再缓慢开启过滤器出水口蝶阀。出水口蝶阀从开启到完全打开是一个慢慢开启的过程。检查电机电流、过滤站各压力表之间的压差是否正常，系统开始正常工作。

（3）若变频为托 2 或托 3 时，按控制水泵顺序关闭第一台水泵出口蝶阀，启动水泵，当电机电流达到额定值时，电机工作 5～10min 后，再继续缓慢开启出口蝶阀，这时由于过滤器压力降低，第二台水泵便会自动投入工作。依此类推，使第三台水泵工作。

（4）当水泵投入运行后，观察电机电流、过滤器前后压力表变化情况。

3. 水泵停机

（1）水泵停机前，启动设备为软起或降压启动时，应先逐渐关闭水泵出水口蝶阀；启动设备为变频设备时，应先逐渐关闭过滤器出水口蝶阀，使水泵自动停机。

（2）按下启动柜停止按钮，停机。

启动设备若停机后，应及时将启动柜、自动反冲洗过滤设备电源断开，以免停机时误操作。

水泵常见故障与排除方法见表 3-1。

表 3-1　　　　　　　　水泵常见故障与排除方法

常 见 故 障	可 能 产 生 的 原 因	排 除 方 法
（1）水泵不出水或出水量不足	a. 电机没启动； b. 管路堵塞； c. 管道破裂；	a. 排除电路故障； b. 清除管路堵塞； c. 修复管道破裂处；

常 见 故 障	可 能 产 生 的 原 因	排 除 方 法
（1）水泵不出水或出水量不足	d. 滤水网堵死； e. 吸水口露出水面； f. 电泵反转； g. 泵壳密封环、叶轮磨损	d. 清除滤水网堵塞物； e. 重新安装吸水口，降至水面以下合适位置； f. 调换电源线，改变电机转向； g. 更换新密封环、叶轮
（2）电机不能启动并有嗡嗡声	a. 有一相断线； b. 轴瓦抱轴； c. 叶轮内有异物与泵体； d. 电压太低	a. 修复断线； b. 修复和更换轴； c. 清除异物； d. 调整电压
（3）电流过大和电流表指针摆动	a. 电机导轴承磨损电机扫堂； b. 水泵轴瓦和轴配合太紧； c. 止推轴承磨损，叶轮盖板与密封环相磨； d. 轴弯曲、轴不同心； e. 动水位下降到进水口上端以下	a. 更换导轴承； b. 修复和更换水泵轴承； c. 更换止推轴承和推力盘； d. 制造缺点送厂检修，关小阀门，降低流量或换井
（4）电机绕阻对地绝缘电阻低	电机绕组及电缆接头电缆有损伤	拆除旧绕组换新绕组，修补接头和电缆
（5）机组转动时剧烈震动	a. 电机转子不平衡； b. 叶轮不平衡； c. 电机或泵轴弯曲； d. 有的连接螺栓松动	a. 水泵退回厂家处理； b. 水泵退回厂家处理； c. 水泵退回厂家处理； d. 自检修

（二）过滤设备运行

1. 砂石过滤器

砂石过滤器是利用过滤器内的介质间隙过滤的，其介质层厚度是经过严格计算的，所以不得任意更改介质粒度和厚度，介质之间的空隙分布情况决定过滤效果的优劣。在使用该种过滤器时应注意，必须严格按过滤器的设计流量运行，不得超流量运行，因为过多超出使用范围，砂床的空隙会被压力击穿，形成空洞效应，使过滤效果丧失。由于过滤器是利用介质层的空隙过滤，被过滤的混浊水中的污物、泥沙会堵塞空隙，所以应密切注意压力表的指示情况，当砂石过滤器前后压力差达到 0.03MPa 就应进行反冲洗操作。

在系统工作时，先打开准备反冲洗砂石罐的反冲洗阀门，然后关闭该罐的进口控制蝶阀，使其他过滤器过滤后的净水由过滤器下部向上流入介质层进行反冲洗。污物可顺反冲洗管排出，直到排出水为净水、无混浊物为止。反冲洗完毕后，应先打开进口阀门，使砂床稳定压实，再缓慢关闭反冲洗蝶阀。然后顺次对后面过滤器进行反冲洗。

砂石过滤器过滤及反冲洗工作状态如图 3-2 所示。

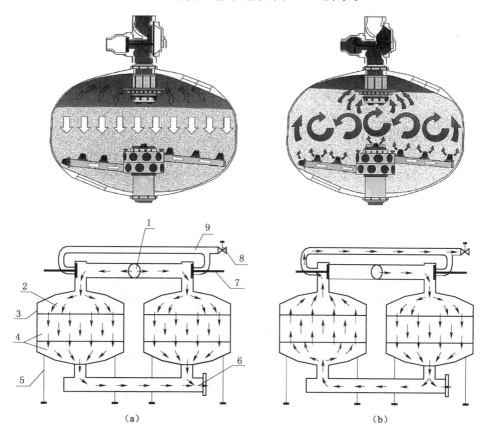

图 3-2 砂石过滤器反冲洗工作状态图

（a）过滤过程；（b）反冲洗过程

1—进水管；2—水流方向；3—罐体；4—过滤介质；5—支架；

6—集水管；7—三向阀；8—阀门；9—反冲洗管

反冲洗持续时间及次数依当地水源水质情况自定。

（1）反冲有两种方式：一种是全自动反冲系统，二是手动反冲系统。冲洗时逐个打开灌溉/反冲两用阀门，此时排污阀门会自动开启，过滤罐内污物排出，两个阀门的开启间隔时间至少间隔20s。

（2）注意开启反冲两用阀门的时间不宜过长，请参照表3-2中的时间进行设定，否则会引起灌内的滤料流失。

表 3-2　　　　　　　　砂石过滤器反冲洗时间表

灌溉反冲两用阀门尺寸	$3''\times3''$	$3''\times2''$	$4''\times3''$
单灌反冲时间/s	40～60	50～70	60～90

2. 叠片过滤器

叠片过滤器是将大量很薄的圆形叠片重叠起来压在特别设计的内撑上并锁紧构成一个圆柱形滤芯，再将滤芯装在一个耐压耐腐蚀的滤筒中就组成了叠片过滤器，一般过滤精度在40～400目。正常过滤工作时，水从外向内通过叠片从内支撑中部流出，压帽通过弹簧的力量把叠片压紧，污物停留在叠片外表面和内部。当过滤器前后压力差达到0.03MPa时就应进行反冲洗，反洗水推动活塞向上，带动压帽松开，释放叠片，干净的水通过喷嘴切向喷出，推动叠片旋转，带走污物。

叠片过滤器反冲洗工作状态如图3-3所示。

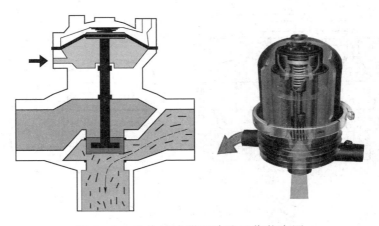

图 3-3　叠片过滤器反冲洗工作状态图

若反冲洗后压差仍较高，需再进行清洗，清洗时关闭碟片式过滤器前后阀门，将滤芯抽出，拆掉两端橡胶密封垫并用压力清水冲洗，也可用软毛刷刷净，但不可用钢刷等硬物清洁。

3. 网式过滤器

网式过滤器结构比较简单，当水中悬浮的颗粒尺寸大于过滤网孔的尺寸就会被截留，但当网上积聚了一定数量的污物后，过滤器进出口间会发生压力差，当进出口压力差超过原压差 0.03MPa 时就应进行反冲洗，若反冲洗后压差仍然较高，则需进行清洗。

清洗时应先将网芯抽出清洗，两端保护密封圈用清水冲洗，也可用软毛刷刷净，但不可用硬物清洁。当网芯内外都清洗干净后，再将过滤器金属壳内的污物用清水冲净，由排污口排出。按要求装配好，重新装入过滤器。工作时应注意，过滤器的网芯为很薄的不锈钢网，所以在保养、保存、运输时要格外小心，不得碰破，一旦破损就应立即更换过滤网，严禁筛网破损使用。

网式过滤器如图 3-4 所示。

4. 离心过滤器

离心过滤器由水泵供水，经水管切向进入罐内，旋转产生离心力，推动泥沙及其他密度较高的固体颗粒向管壁移动形成旋流，促使泥沙进入砂石罐，清水则顺流进入出水口。完成第一级的水砂分离，清水经出水口、弯管、三通进入网式过滤器罐内，再进行后面的过滤。

离心过滤器集砂罐设有排砂口，工作时要经常检查集砂罐，定时排砂，以免罐中砂量太多使离心过滤器不能正常工作。

离心过滤器工作示意图如图 3-5 所示。

（三）施肥设备运行

目前大田粮食与经济作物微灌常用施肥设备主要有泵吸施肥设备、压差式施肥罐、施肥泵。施肥时首先根据轮灌小区面积和亩施肥量计算施肥和施药的数量；在待施肥轮灌组正常滴水 30~45min 后开始施肥；在本轮灌小区滴水结束前 30~45min 关闭施肥罐球阀；整块地施肥结束应进行施肥罐的清洗工作。

1. 泵吸施肥设备

泵吸施肥法是利用离心泵将肥料溶液吸入管道系统，适合于任何面积的作物施肥。为防止肥料溶液倒流入水池而污染水源，可在吸水管后面安装逆止阀。通常在吸肥管的入口包上 100~120 目滤网（不锈钢或尼龙），

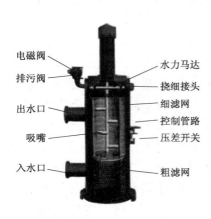

图 3-4　网式过滤器

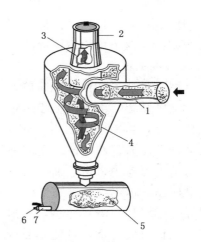

图 3-5　离心过滤器工作示意图
1—进水管；2—出水管；3—旋流室；
4—分离室；5—储污室；
6—排污口；7—排污管

防止杂质进入管道。该法的优点是不需外加动力，结构简单，操作方便，可用敞口容器盛肥料溶液。施肥时通过调节肥液管上阀门可以控制施肥速度。要求水源水位不能低于泵入口 10m。施肥时要有人照看，当肥液快用完时立即关闭吸肥管上的阀门，否则会吸入空气，影响泵的运行。泵吸施肥设备如图 3-6 所示，操作步骤如下。

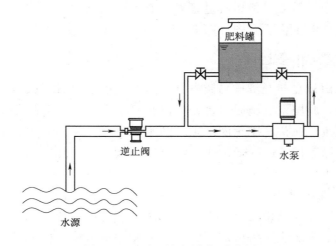

图 3-6　泵吸施肥设备示意图

（1）将肥料罐摆正，用硬塑料管与水泵吸口和出口上的两个施肥球阀连接好。连接时注意肥料罐的进、出水的方向。

（2）肥料罐中注入的施肥固体颗粒不得超过罐体总容积的 2/3。

（3）调节水泵出口和进口上的球阀，使进水和出水保持平衡，必要时可人工进行搅拌。

（4）在水中加入降温快、溶解差的肥料时，可将肥料放进旁边烧热的水中进行溶解再加入肥料罐。

（5）一个罐不易一次加肥的，可采用双罐交替进行。

2. 压差式施肥罐

压差式施肥罐的工作原理是储液罐与滴灌主输水管并联连接，人为调节阀门使进水管口和出水管口之间的连接点间形成压力差，并利用这个压力差让部分灌溉水从进水管进入肥料罐，再从出水管将经过稀释的肥液注入灌溉水中（图 3-7），具体操作步骤如下：

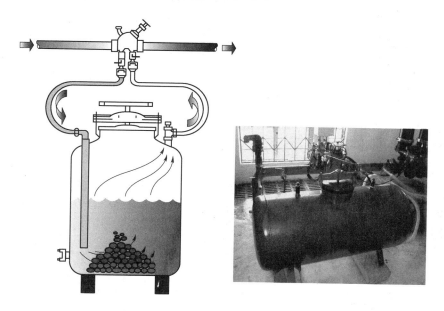

图 3-7 压差式施肥罐工作示意图

（1）注肥前至少要进行 30min 的灌溉过程。

（2）依照程序，将所需使用的肥料通过肥料罐上部顶盖装入罐内，最大量不要超过罐高的 2/3（若在灌溉过程中添加肥料，由于罐内存在高压，故请按下排气阀，将压力释放后再注入肥料）。

（3）放回顶盖和手柄，并拧紧紧固手柄。

（4）检查排水底塞是否已锁死。

（5）检查并清洁过滤器。

（6）确认水表阀门已开启。

（7）完全开启注肥口和出肥口的阀门。

（8）用压力表测针测出施肥阀门阀体测试点进点和出点之间的压力差，根据表3-3得所需施肥时间，调节水表阀门，从而控制施肥过程。

表 3 - 3　　　　　　　　　　施 肥 工 作 时 间 表　　　　　　　　单位：h

压差（大气压）	90L 罐	150L 罐	220L 罐	350L 罐
0.05	1～1.25	1.75～2	2～2.5	3.75～1.25
0.1	0.75～1	1.25～1.5	1.5～2	2.5～2.75
0.2	0.5～0.75	0.75～1	1～1.5	1.75～2.25
0.4	0.33～0.5	0.5～0.75	0.75～1.25	1.25～1.5

注　本表仅供参考，若有差异，请以实际为准。

（9）若要结束施肥，依次关闭施肥进口和出口阀门，施肥完毕后，必须继续灌溉30min。

3. 施肥泵

施肥泵的工作原理是利用加压泵将肥料溶液注入到滴灌管道中，加压泵的工作压力必须大于滴灌管道内的压力，否则无法施肥。施肥泵装置示意图如图3-8所示，操作步骤如下：

（1）确认灌溉工作正在进行。

（2）开启肥料罐出口的阀门。

（3）开启注肥器肥料注入口的小阀门（位于过滤器的出口处）。

（4）开启通向注肥器驱动泵的小阀门（位于过滤器的出口处）。

（5）注肥工作开始，注肥器驱动泵尾端出水口开始出水，若不出水，检查故障，立即排除。

（6）注意观察肥料流动情况，若注肥器管路中存在气体，请按下注肥器体上的蓝色空气阀，直至肥料液体流出即进入正常工作。

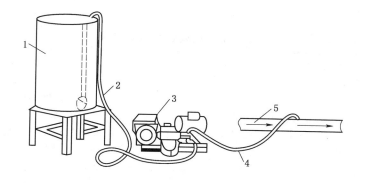

图 3-8 施肥泵装置示意图

1—化肥桶；2—输液管；3—施肥泵；4—输肥管；5—输水管

（7）若结束施肥，要依次关闭罐体上的小阀门、注肥器进口和出口小阀门。

（8）施肥时溶肥罐体旁边必须有专人看护，防止软管脱落致使肥料外溢。

（9）注肥完毕后，必须继续灌溉 30min。

（四）管网运行

（1）管网系统每次工作前应先进行冲洗，在运行过程中要检查系统水质情况，视水质情况对系统进行冲洗。

（2）定期对管网进行巡视，检查管网运行情况，如有漏水要立即处理。

（3）灌水时每次开启一个轮灌组，当一个轮灌组结束后，先开启下一个轮灌组，再关闭上一个轮灌组，严禁先关后开。

（4）管网系统运行时，必须严格控制压力，将系统控制在设计压力下运行，以保证系统能安全有效地运行。

（5）管网系统第一次运行时，需进行调压。可通过调整球阀的开启度来进行调压，使系统各支管进口的压力大致相等。薄壁毛管压力可维持在 10m 左右，调试完后，在球阀相应位置做好标记，以保证在其以后的运行中其开启度能维持在该水平。

（6）应教育、指导、监督田间管理人员在放苗、定苗、锄草时要认真、仔细察看，不得将微灌管（带）损坏。

管网系统常见故障及排除方法见表 3-4。

表 3-4　　　　　　　　管网系统常见故障及排除方法

常 见 故 障	可能产生的原因	排 除 方 法
压力不平衡: a. 第一条支管与最后一条支管压差>0.04MPa; b. 毛管首端与末端压差>0.02MPa; c. 首部枢纽进口与出口压差大,系统压力降低,全部滴头流量减少	a. 出地管闸阀的开启位置欠妥; b. 支(毛)管或连接部位漏水; c. 过滤器堵塞,机泵功率不够; d. 系统管网级数设计欠妥	a. 通过调整出地管闸阀开关位置至平衡; b. 检查管网并处理; c. 反冲洗过滤器,清洗过滤网,排污、检修机泵或电源电压; d. 增加面积时考虑,调整设计,每次滴水前调整各条支管的压力
滴头流量不均匀,个别滴头流量减少	a. 系统压力过小; b. 水质不合要求,泥沙过大,毛管堵塞; c. 滴头堵塞,管道漏水	a. 调整系统压力; b. 滴水前或结束时,冲洗管网; c. 冲洗管网,排除堵塞杂质,分段检查,更新管道或重新布置管道
毛管漏水	a. 毛管有砂眼; b. 播种张力大,磨损变形; c. 放苗、除草时损伤	a. 酌情更换部分毛管; b. 播种机铺设毛管导向轮应成 90° 直角,且导向轮环转动灵活,各部分与毛管接触处应顺畅无阻; c. 田管时注意严格管理,保护好管网
毛管边缝滋水或毛管爆裂	a. 压力过大,超压运行; b. 毛管制造时部分边缝粘不牢	a. 调整压力,使毛管首端<0.1MPa; b. 更换毛管
系统地面有积水	a. 毛管或支管件部分漏水; b. 毛管流量选择与土质不相匹	a. 检查管网,更换受损部件; b. 测定土质成分与流量,分析原因,缩短灌水延续时间

第三节　微灌设备维护与保养

一、水泵

（1）水泵启动前，应盘动（电机）几圈，以免突然启动造成石墨环断裂损坏。进口管道必须充满液体，禁止水泵在气蚀状态下长期运行。

（2）水泵运行期间，应保持电机及电控柜内外的清洁和干燥。并定期检查电机电流值，不得超过电机额定电流。定期给电机加黄油（一般为四个月左右，且应为钙基或钙钠基黄油）。机械密封润滑应无固体颗粒。严禁机械密封在干磨情况下工作。

（3）水泵进行长期运行之后，由于机械磨损，使机组的噪声及震动增大时应停机检查，必要时可更换易损零件及轴承，机组大修期一般为一年。经常起动设备会造成接触"动、静"触头烧损，应不定期检查并用砂纸打磨，触头接触面严重烧损的，触头应该及时更换（三周至两个月）。

（4）停机维修时，检查设备接线是否松动或掉线，并加以坚固。所有以上操作及维护工作都必须严格执行国家有关电气设备工作安全的组织措施和技术措施的规定，确保人身安全及电气设备不受损害。

二、灌水器

灌溉季节后，应对滴头和微灌管（带）等灌水器设备进行检查，修复或更换损坏和已被堵塞的灌水器；应打开微灌管（带）末端进行冲洗，必要时应进行酸洗。大田作物微灌管（带）宜卷盘收回室内保管。

三、施肥（药）装置

（1）每次施肥（药）后，应对施肥（药）装置进行保养，并检查进、出口接头的连接和密封情况。

（2）施肥系统在维护时，关闭水泵，开启与主管道连接的注肥口和驱动注肥系统的进水口，排去压力。

（3）施肥泵带有塑料肥料罐，先用清水洗净肥料罐，打开罐盖晾干，再用清水冲洗注肥泵然后分解，按原样取出驱动活塞，用随机所带的润滑油涂在各个部件上，进行正常的润滑保养，然后拭干各个部件后重新装好。

（4）如果使用压差式施肥罐，要注意充分清洗罐内残液并晾干，然后将罐体上的软管取下，并用清水洗净放在罐体内保存。每年在施肥罐的顶盖及手柄螺纹处涂上防锈油，若罐体表面的金属镀层有损坏，立即清锈后重新喷涂，注意不要丢失各个连接部件。

四、过滤器

（1）灌溉季节后，对离心过滤器进行维护和保养，需彻底清除积沙，对进、出口和储沙罐等进行检查，修复损坏部位。

（2）使用筛网过滤器时，每次灌水后应取出过滤元件进行清洗，并更换已损坏的部件。灌溉季节后应及时取出过滤元件进行彻底清洗，并对各部件进行全面保养。

（3）灌溉季节后应清洗叠片式过滤器的过滤元件，并对其他部件进行保养，更换已损坏的零部件。

（4）使用砂过滤器时，应及时检查各连接部件是否松动，密封性能是否良好，发现问题应随时处理。灌溉季节后应对设备进行全面检查，若滤砂结块或污物较多应彻底清洗滤砂，必要时补充新砂。

第四章

管道输水灌溉工程运行管理与维护

第一节　管道输水灌溉工程组成与运行管理基本要求

一、管道输水灌溉系统组成

管道输水灌溉系统由水源与取水工程、输水管网系统和田间灌水系统三部分组成。

（一）水源与取水工程

管道输水灌溉系统的水源有井、泉、沟、渠道、塘坝、河湖和水库等。水质应符合农田灌溉用水标准，且不含有大量杂草、泥沙等杂物。

井灌区取水部分除选择适宜机泵外，还应安装压力表及水表，也可建有管理房。而在自压灌区或大中型提水灌区的取水工程还应设置进水闸、分水闸、拦污栅、沉淀池和水质净化处理设施及量水建筑物。

（二）输水管网系统

输配水管网系统是指管道输水灌溉系统中的各级管道、分水设施、保护装置和其他附属设施。在面积较大的灌区，管网可由干管、分干管、支管、分支管等多级管道组成。

（三）田间灌水系统

田间灌水系统指分水口以下的田间部分。作为整个管道输水灌溉系统，田间灌水系统是节水灌溉的重要组成部分。

二、管道输水灌溉系统运行管理的基本要求

管道输水灌溉工程运行管理与维护的基本任务是保证水源、机泵、输水管道及建筑物的正常运行，延长工程设备的使用年限，发挥其最大的灌溉效益。管道输水灌溉工程必须正确处理好建、管、用三者的关系。建是基础，管是关键，用是目的，只有管好用好才能充分发挥农业增产效益。要加强管理，必须建立、健全管理组织和管理制度，实行管理责任制，搞好工程运行、维修与灌溉用水管理。应成立管理组织或明确专管人员，制定运行操作规程和管理制度；操作人员应经培训合格后持证上岗；应根据灌溉制度制定科学的用水计划；运行前，应检查机电设备、管道系统和附属设施是否齐全、完好；应定期检查工程及配套设施的状况，并及时进行维护、修理或更换。

（一）组织管理

管道输水灌溉系统的运行管理一般实行专业管理和群众管理相结合，统一管理和分级负责相结合的形式。具体归纳为"分级管理、分区负责、专业承包、责任到人"的组织管理办法。

由当地水利主管部门成立领导小组，制定详细的维修养护及运行管理细则。

建立健全用水管理组织和制度。为了加强管理，必须建立健全用水管理组织和制度，实行"统一管理，统一浇地""计划供水，按方收费"的办法。管好工程，用好水。

由农民用水合作组织负责工程的运行管理和维护，应做到层层责、权、利明确，报酬同管理质量、效益挂钩，逐级签订合同。

（二）用水管理

灌溉用水管理的主要任务是通过对管道灌溉系统中各种工程设施的控制、调度、运用，合理分配与使用水源的水量，推行科学的灌溉制度和灌水方法，以达到充分发挥工程作用，合理利用水资源，促进农业高产稳产和获得较高经济效益的目的。

灌区管理部门应根据灌区所在地区的试验资料和当地节水灌溉的经验、水源可供给的水量、作物种植面积、气象条件、工程条件等，制定灌

水次数、灌水定额，确定每次灌水所需的时间及灌水周期、灌水秩序、灌水计划安排等。在每次灌水前还要根据当时作物生长及土壤墒情的实际情况对计划加以修正。

（1）推广田间节水技术。管灌工程的田间灌水技术应克服传统的大水漫灌的落后灌水方法，推广节水灌水技术，实行小定额灌溉。

（2）及时定额征收水费。管灌工程可实行"以亩定额配水，以水量收费，超额加价收费"的用水制度。这样可促使群众自觉平整土地，搞好田间工程配套，采用灌溉新技术，节约用水。

（3）合理的配水顺序。在配水顺序上应做到：先浇远田，后浇近田；先灌成片，后灌零星田块；先急用，后缓用等用水原则。

为了用好、管好管灌工程，提高管理水平，应加强管理人员的技术培训和职业道德教育。

建立工程技术档案和运行记录制度，及时填写机泵运行和田间灌水记录表。每次灌水结束后，应观测土壤含水率、灌水均匀度、湿润层深度等指标。根据记录进行有关技术指标的统计分析，以便积累灌水经验，修改用水计划。

第二节　管道输水灌溉工程运行管理与维护

一、管道输水灌溉工程的运行管理

（一）机、泵运行管理

1. 开机前的检查和准备

（1）开机前的检查包括：①水泵和电动机是否固定良好。②联轴器两轴是否同心，间隙是否合适；用皮带传动的要检查两个皮带轮是否对正。③各部位的螺丝是否有松动现象。④用手转动联轴器或皮带轮，看转动是否灵活，如果内部有摩擦响声，应打开轴盖检查处理。⑤用机油润滑的水泵要检查油位是否合适，油质是否符合要求。⑥带底阀的水泵要检查是否有足够的浸没水深度。⑦检查机泵周围是否有妨碍运转的物件。⑧检查电动机和电路是否正常。

（2）开机前的准备包括：①离心泵在开机前要灌满清水；②出水管路上有闸阀的离心泵，开机时要关闭闸阀，以降低起动电流；③深井泵开机前要往泵里灌一次清水，以润滑橡胶轴承；④用皮带传动的水泵，要把皮带挂好，检查皮带松紧情况，并调整合适。

2．开机后注意事项

（1）各种量测仪表是否正常工作，特别要注意电流表，看其指针是否超过了电动机额定电流。

（2）机泵运转声音是否正常，如果振动很大或有其他不正常的声音，应停机检修。

（3）水泵出水量是否正常，如果出水量减小，应停泵查找原因。

（4）用皮带传动的水泵，若发现皮带里面发亮，水泵转速下降，应立即擦上皮带油；当皮带过松时，应停机调整。

（5）填料处的滴水情况是否正常（每分钟 10～30 滴水为宜），如不滴或滴水过多，应调整螺丝的松紧。

（6）水泵与水管各部分是否有漏水和进气现象，吸水管应保证不漏气。

（7）如果发现轴承部位的温度有异常现象（以 20～40℃为宜，最高温度不超过 75℃），应立即停机检修。

（8）电动机升温情况，避免超过电动机的允许温度。

（9）如机泵发生故障，要弄清故障发生的部位，找出原因，及时拆卸修理。

3．停机和停机后注意事项

（1）停机时，应先关闭启动器，后拉电闸。

（2）设有闸阀的离心泵，停机前应先关闭闸阀再停机，以减少振动。

（3）长期停机或冬季使用水泵后，应该打开泵体下面的放水塞，将水放空，防止锈坏或冻坏水泵。

（4）停机后，应该把机泵表面的水迹擦净以防锈蚀。

（5）停灌期间，应把地面可拆卸的设备收回，经保养后妥善保管。

（6）在冻害地区，冬季应及时放空管道。

4．柴油机运转中注意事项

（1）随时注意各仪表的读数是否在规定范围内，如果机油压力突然降低，或油压低于 $9.8N/cm^2$ 时，应立即卸去负荷，使柴油机中速运转，以便继续观察。必要时应停车检查，待故障排除后方可继续工作。

（2）经常观察柴油机排气的颜色、声音、气味是否正常。

（3）油门操作要平稳，不可忽大忽小。

（4）检查燃油消耗情况，不要等用完后自行停车再加，以免油路进入空气。

（5）不允许柴油机长时间超负荷工作和超速运转。

（6）工作中应尽量使负荷均匀，保持柴油机转速稳定。

（二）管道输水灌溉系统运行管理

1. 初始运行管理

管道输水灌溉系统包括地埋管道、闸管及与管道相连的控制阀门或给水栓。在初次使用或每年初始运行时，应对系统做全面检查、试水或冲洗，并应符合下列要求：①管道通畅，无污物杂质堵塞和泥沙淤积；②各类闸阀和安全保护装置启闭灵活，动作自如；③地埋固定管道无渗水、漏水现象，给水栓或出口以及暴露在地面的连接管道完整无损；④测量仪表或装置清晰，方便测读，指示灵敏。

2. 日常运行管理

（1）注意事项。管道输水灌溉系统日常运行的特点是输水速度快，技术要求高，计划性强。在管道放水或停水时，常会产生涌浪和水击。若管道的水压力急剧上升（或下降），很容易发生管道爆裂，所以防止水击产生、保护管道安全运行是日常管理工作的重要内容。为此，必须采取以下具体措施和注意事项：①严禁先开机或先打开进水闸门后再打开出水口或给水栓，为预防水击的发生，应首先打开进排气阀和计划放水的出水口，然后逐渐向管道内充水，当管道被水充满后，再缓慢关闭进排气阀以及作为进排气用的其他出水口。②按灌水计划的轮灌次序分组进行输水灌溉，不可随意打开各支管控制闸门，最好由近而远或由远而近逐田块灌水。为防止因突开或突关闸阀、给水栓而引起水击，管道若为单条或单个出水口出流，当第一条管道或第一个出水口完成输水灌溉任务需要更换到第二条管道或第二个出水口时，必须先缓慢打开第二条管道或第二个出水口，然后再缓慢关闭第一条管道或第一个出水口。③为防止爆管或击坏水泵，严禁突然关闭闸阀和给水栓、出水口。④准备停止管道运行时，应先停机或先缓慢关闭进水阀门，然后再缓慢关闭给水栓出水口。有多个出水口停止运行时，应自下而上逐渐关闭给水栓。有多条管道停止运行时，也应自下而上逐渐关闭闸门，并同时借助进排气阀、安全阀和逆止阀向管道内补气，以防止出现水击或负压破坏管道。

（2）地埋固定管道日常运行管理。地埋固定管道漏水的检查是管理运行的一项日常工作。管道漏水的原因包括：①管道质量有问题或使用期长而破损；②管道接头不严密或基础不平整而引起损坏；③因使用不当，如闸阀关闭过快产生水击而爆管；④闸阀磨损、锈蚀或被污物杂质卡住无法关闭严密等。目前检查管道漏水的常用方法有实地观察法、听漏法和分区检漏法三种方法。为及时掌握管网输水、配水和灌水情况，必须定时测定管网的压力和流量，这也是管网管理运行的一项主要内容。在输灌水阶段，为了解管网的工作情况和水压变化状态，应经常测定各级管道的水压，从而确定管网规划设计是否合理。

（3）闸管灌溉系统日常运行管理。闸管灌溉系统是在强度较高的软管上嵌入放水器的地面移动管道输水灌溉系统，在一般情况下，可将每个闸管灌溉系统视为一条毛渠，并按此配水。田间灌溉严格采用沟灌。闸管上放水口间距按田间实际开沟间距确定，每条闸管上开启的放水口个数根据实际流量大小确定，灌溉时同时打开的一组放水口个数根据水源的水量确定。运行的闸孔如距系统进水口较远时，闸孔出流的压力会较小，如果这时打开的孔口数又较多，远端的孔口可能会不出流。为了保证各个闸孔出流均匀，要注意调节不同位置上闸孔的开度。

当一组放水口满足灌水要求后，应首先打开另一组放水口，然后再关闭已完成灌溉的放水口。田间灌溉时要注意，绝对不允许不打开放水口就向闸管灌溉系统放水或在运行中关闭所有的放水口，这样会使软管爆破，损坏闸管灌溉系统。闸管灌溉系统运行时一般从远离系统进水口的那端开始。闸管上放水口轮流按灌溉组依次打开，直到把该系统控制的土地全部灌溉完毕，这时即可关闭系统进水口建筑物上的闸门，完成闸管灌溉。

灌溉完毕后，应将软管中的水放空。在两次灌溉之间如有农机耕作，应把软管卷起来。卷收软管时要格外小心，不要破坏每个放水闸孔。待下次灌溉前再把软管铺放好。如无农机耕作，也可将软管留在田块中，但这时要注意防止各种人为的破坏。

二、管道输水灌溉设备维护与保养

(一) 水泵维护与保养

要延长水泵的使用寿命,除了正常操作外,还要进行经常和定期的维护和保养。

(1) 经常保持井房内和水泵表面干净。

(2) 经常拧紧松动的螺丝,要用合适的固定扳手操作;不常用的螺丝露在外面的丝扣,每 10 天用油布擦一擦,以防锈固。

(3) 用机油润滑的机泵,每使用一个月加一次油;用黄油润滑的,每使用半年加一次油。

(4) 机泵运行一年后,在冬闲季节要进行一次彻底检修,清洗、除锈去垢、修复或更换损坏的零部件。

(5) 潜水泵检修和安装不应使用电缆吊装。

(二) 管道维护与保养

管道的维修因管材和运行条件的不同,其注意事项和维修方法也有区别。针对灌溉管道在施工及运行中常见的问题,相应采取必要的预防措施,对提高管道经济运行寿命,降低运行管理费用,保证管网正常运行有着重要的意义。管网运行时,若发现地面渗水,应在停机后待土壤变干时将渗水处开挖露出管道破损位置,按相应管材的维修方法进行维护和保养。

1. 硬质塑料管维护和保养

硬质塑料管材质硬脆,易老化。运行时注意接口和局部管段是否损坏漏水。若发现漏水应立即处理。一般接口处漏水,可利用专用黏结剂堵漏;若管道产生纵向裂缝漏水,需要更新管道。

(1) 管道断裂。管道断裂的主要形式有爆裂、折断,其断裂的主要原因有:①管材质量不好;②地基不均匀下沉;③温度应力破坏;④施工中造成的管道破裂。

预防管道断裂,要在严把进货关的同时加强施工管理。在管沟开挖、地基处理、铺设安装、管道试压、管沟回填等几道工序上要严格按规范进行,当管道通过淤泥地段时,必须采取加强处理,严格履行竣工验收手续。对于因地基原因造成的管道断裂，要对不良的地基进行基础处理，如夯实、换填及设置混凝土或钢筋混凝土基础等。管下的石块、硬物必须清除干净，岩石地基的管下需铺 15cm 厚的砂垫层。对于温度应力破坏造成的管道断裂，管道覆土需在最大冻深 20cm 以下。

冬季施工要注意及时回填，水压试验后及时将水放掉。为减小管道热胀冷缩带来的不利影响，要尽量避免在炎热高温时施工。如有条件，应尽量安装伸缩节，可避免此问题。已产生的断裂管必须换掉。

换断裂管的方法步骤如下：挖出回填土，开挖的沟长要大于断裂管长 2m 左右，截去断裂部分，用 100 目的砂布将沟内管口的外侧打毛，长度在 5~10cm 左右。采用扩口管代替断裂管，扩口管的内径等于沟内管的外径，用砂布把扩口管的内壁打毛，长度在 6~11cm 左右，涂上 601 黏合剂。抬起沟内的管，用扩口管套住沟内管，左右旋转扩口管，使其黏合均匀。

（2）真空破坏。节水灌溉系统运行中突然停机时，由于管道出现负压（真空），在负压较大时可将管道吸扁，水逆流并产生水锤压力，危及机泵的安全。防止真空破坏，可在管道系统上安置排气阀，顺坡时安置在管道的首端，逆坡时安置在管道的尾端或地形变化较大处。

（3）接口渗漏。接口渗漏的原因一般有三种：一是接头安装时加热温度过高，使管头发生裂纹引起漏水；二是管子加温不够，搭接长度偏短造成的漏水；三是承插时间过长，使已加热的管头冷却，以致接头不牢固而漏水。

处理接口渗漏时，先要排空管道内的水。对于管头发生裂纹引起的漏水，可用 601 黏合剂和聚丙塑料将漏水处缠好，或把裂纹处用 100 目砂布打毛，涂上黏合剂，再选一块比裂纹稍长稍宽的塑料管片，用 100 目砂布打毛，涂上黏合剂，把管片贴在裂纹处，并左右移动一下，稍等片刻即可。对于搭接长度偏短或接头不牢固发生的漏水，要把子管和母管各打毛 3~6cm，弧长大于漏水处 1.5cm 左右，截一管片，宽 3~6cm，弧长小于打毛的弧长 0.3cm 左右，管片内、外两侧都要打毛，先在内侧涂黏合剂，然后盖在涂了黏合剂的子管上，要贴紧母管，左右移动一下，且缝隙内也要灌满黏合剂；凝固后，再截一节宽 6~12cm 的管片，内侧打毛，并涂上黏合剂，盖在涂了黏合剂的接口上，并左右移动一下，片刻即可。若管件处漏水，可先用黏合剂和防水胶布在漏水处缠好，再用水泥和砂子按 1∶2 的比例拌好，在漏水处做一水泥外壳。

（4）砂眼的处理。砂眼是较常见的问题，其处理方法比较简便，管子接好后先不要回填，开机试水，给予一定的压力，有砂眼的地方就会向外喷水。在喷水处做上记号，然后关机并排空管内的水，在砂眼周围用 100 目的砂布打毛，并在砂眼周围打毛部分和管片打毛侧涂上黏合剂，把管片盖在砂眼上，左右移动，使其黏合均匀，片刻即可。

（5）内壁裂纹的检查。内壁有裂纹的管子，在施工中若不注意，安装好后会发生管道破裂，因此，安装前必须挑出来。顺着光线旋转管子，若有不同于管子颜色的线条即为裂纹，裂纹严重的，稍用力挤压管子就会沿裂纹破裂，这类管子应予报废。裂纹不严重的管子，可在裂纹两端钻一个细小的孔，截断裂纹发展方向，再用以上所介绍的处理砂眼及管道断裂的方法处理裂纹。经处理的管子宜安装到管段系统中压力小的地方，以保证整个管道系统的安全。

2. 双壁波纹管维护和保养

双壁波纹管多在接口处发生漏水现象，处理方法为：一是调正或更换止水橡胶环；二是用专用黏结剂堵漏。

3. 水泥制品管维护和保养

水泥制品管一般容易在接口处漏水，处理方法为：一是用纱布包裹水泥砂浆或采用混凝土加固；二是用柔性连接修补。现浇混凝土管由于管材的质量或地面不均匀沉降造成局部裂缝漏水，其处理方法为：一是用砂浆或混凝土加固；二是用高标号水泥膏堵漏。

4. 软管维护和保养

软管一般在软管折线处和"砂眼点"漏水。软管出现漏水或破裂，宜采用以下修补方法：

（1）管壁有小孔洞或裂缝漏水时，用塑料薄膜贴补或专用黏合剂修补。

（2）管壁破裂严重时，从破裂漏水处剪断软管，沿水流方向将软管两端套接。

（三）管件与附属设备维护和保养

（1）给水装置多为金属结构，要防止锈蚀，每年要涂防锈漆两次。对螺杆和丝扣要经常涂黄油，防止锈固，便于开关。

（2）分水池起着防冲、分水和保护出水口的作用。发现损坏应及时修复；在出水池外壁涂上红、白色涂料，引人注目，防止损坏。

（3）保护装置，如安全阀、进排气阀、逆止阀等，要经常检查维护，保证其安全、有效地运行。

（四）管道系统维护与保养

若发现管道系统堵塞，应立即采取措施疏通或冲洗清淤。若闸阀及安全保护装置或给水栓等设备失灵，应及时检修。若量测设备失稳，应对其进行校正、修理或更换。若发现地埋固定管道的上部填土有湿痕甚至明水，必须开挖检查并及时处理。

1. 灌溉季节开始前对管道系统维护和保养

灌溉季节开始前，应对管道系统进行检查、试水，并应符合下列要求：

（1）管道通畅，无漏水现象。

（2）给水栓、控制阀门启闭灵活，安全保护装置功能可靠。

（3）地埋管道的阀门井中无积水，管道的裸露部分完整无损。

（4）量测仪表盘面清晰，显示正常。

灌溉时，控制阀门或安全保护装置失灵，应及时停水检修；量测仪表显示失准，应及时校正或更换。

2. 灌溉季节结束后对管道系统维护和保养

灌溉季节结束后，应对管道系统进行下列维护和保养：

（1）冲净泥沙，排放余水；采取措施，预防冻害。

（2）妥善保护安全保护装置和量测仪表。

（3）阀门、启闭机构涂油，盖好阀门井。

（4）地埋管道与地面移动装置的接口处加盖或妥善包扎并采取防冻措施。地面金属管道及附件定期进行防锈处理。

软管在光、氧、热的作用下易老化，应加强保管。用后要放在室内空气干燥、温度适中的地方。软管要平放，防止重压或磨坏软管折边；非灌溉季节在室内尽可能要悬挂，以防老鼠咬坏。不要将软管与化肥、农药等有气味物品存放在一起，以防软管粘连。

第三节　管道输水灌溉设备拆装与维修

管道输水灌溉设备安装包括地面移动管道，地埋管道的铺设、连接，与管道相连接的给水栓的安装等。

一、给水栓安装

（1）给水栓暴露在外的部分的材料应不透光，安装的位置尽量不影响耕作。

（2）给水栓的所有零部件都应具有良好的工艺性和表面粗糙度，并没有气孔、气泡、飞边、凸起及其他可能削弱性能或使人致伤的缺陷。

（3）现场应进行给水栓耐水压和密封试验：

1）金属给水栓，将压力加大到制造厂标明的公称压力的 1.5 倍，保压 5min，给水栓应不破裂及渗漏。

2）塑料给水栓，将压力加大到制造厂标明的公称压力的 2.0 倍，保压 60min，给水栓应不破裂及渗漏。

（4）给水栓的可调节部位应能允许调节组件在规定的最大调节范围内进行调节。可调部位应方便可靠，并不会因振动而改变位置。

（5）给水栓体周围必须安装保护设施，以免破坏栓体。

给水栓与地下管道连接方式如图 4-1 所示。地下主管道为塑料管时，立管可用塑料管或现浇混凝土管，连接方式如图 4-1（a）、图 4-1（b）所示；地下主管道为混凝土管时，连接方式如图 4-1（c）所示。

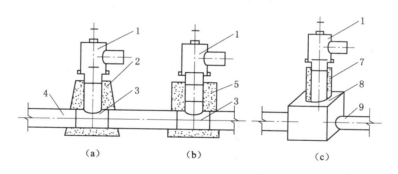

图 4-1　给水栓与地下管道连接方式示意图

（a）主管道为塑料管；（b）主管道为塑料管；（c）主管道为混凝土管

1—给水栓；2—混凝土固定墩；3—PVC 长三通；4—PVC 地下管道；5—现浇混凝土立管
兼固定墩；6—PVC 短三通；7—预制混凝土立管；8—混凝土三通；9—地下混凝土管道

以 G1Y3-H/L 型给水栓和阀门为例。施工安装时，给水栓通过法兰、三通与地下主管道连接（图 4-2），阀门则通过金属法兰短管与管道连接。

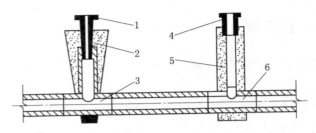

图 4-2　G1Y3-H/L 型给水栓与地下管道的连接

1—铸铁长法兰立管；2—混凝土固定墩；3—PVC 长三通；4—铸铁短法兰；

5—现浇混凝土立管；6—PVC 短三通

二、波涌灌溉、闸管设备的安装

(一) 波涌灌溉设备

波涌（涌流、间歇水流）灌水技术是一种新的地面节水灌溉方法，它采用大流量、快速推进、间断地向沟（畦）放水的灌水方式。与传统的连续水流沟（畦）灌溉相比，灌溉水流不再是一次推进到沟（畦）的末端，而是分段地由首端推进至末端，在一个灌水过程中包括几个间歇供水周期。波涌灌溉停水期间地表会形成致密层，土壤的这种表面边界条件的变化使得土壤入渗率和地面糙率减少，有利于提高灌水效率及灌水均匀度。该技术具有田间水利用效率高、灌水均匀、省水节时等优点，并为实现灌溉自动化提供了支撑。波涌灌溉设备由波涌阀、控制器和输配水管道组成（图 4-3），其中波涌阀和控制器是核心设备。整个阀体为全铝合金材质，工业化铸模制造。采用双阀结构使波涌阀自身具有配水和控制功能，结合控制器的"时间耦合"方式，有利于灌区输配水系统的自动化管理和地面灌溉的自动化。

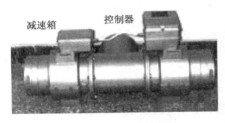

图 4-3　波涌灌溉设备

(二) 波涌灌溉系统及田间布置

1. 水源

用于波涌灌溉的水源在井灌区可来自低压输水管道给水栓（出水口），

在渠灌区则取自农渠的分水闸口。

2. 波涌阀

波涌阀按动力划分为水力驱动式和太阳能（蓄电池）驱动式两种方式，按其结构则分为单向或双向阀。其中太阳能驱动式双向阀的阀体呈T形三通结构，使用铝合金材质铸造。水流从进水口引入后，通过阀体两侧的阀门自动转向实现交替分水，阀门启闭由控制器中的电动马达驱动。

3. 控制器

控制器由微处理器、电动机、可充电电池及太阳能板组成，采用铝合金外罩保护。控制器用来实现波涌阀的自动开关与转向，定时控制间歇供水的时间并自动完成水流切换，实现波涌灌水自动化。控制器的参数输入以触键式为主，具有数字输入及显示功能，内置计算程序可用来自动设置阀门的启闭时间间隔（图4-4）。

图4-4　波涌阀控制器及参数输入面板

（三）配水管道及田间布置

采用PE软管或PVC硬管将低压输水管道给水栓或农渠分水口与波涌阀进水口相连，在波涌阀出水口处装有软管（硬管）伸向两侧，起到传统毛渠的配水作用。在控制器作用下可实现阀门的自动转向和水流切换，完成交替供水过程。波涌灌溉系统可与田间闸管灌溉系统配套使用（图4-5）。

图4-5　波涌灌溉系统田间布置

（四）田间闸管系统安装

田间闸管灌溉系统由移动管道和管道上配置的多个闸门组成，包括输水软管和开度可调节的配水口等部分，配水口又由闸口、压环、闸窗和闸板4个部分组成，闸门间距及规格可根据田间开沟（畦）间距及所需流量配置。闸门的间距可与畦（沟）间距一致，并且闸门开度可以调节，用以控制进入畦（沟）的流量。闸管灌溉系统可与渠灌区、井灌区的管道输水配套使用，也可用作全移动管道输水，替代田间农、毛渠，完成从斗渠到田间畦沟配水，又可用作波涌灌溉的末级配水管道，可有效解决渠道和低压管道输水灌溉系统的田间输配水问题。

我国目前普遍应用的田间闸管为柔性闸管。在实际应用中，田间闸管既可以替代土毛渠起到田间配水的作用，同时，通过闸阀控制还可以调整配到畦（沟）的水量。

闸管系统在安装使用中应注意以下事项：①输水软管的直径不能小于出水口直径，出水口处应平整；②输水软管要双折加厚套在出水口上，然后用柔性绳带捆扎；③铺设闸管时尽量使其贴近畦口、沟口，尽量顺直，每隔5m处堆放一点泥土，防止管子被风掀动或移位，注意不要用力拖拉软管；④要在管道末端先安装一个配水口，以利于充水后进行排气，安装完成后要将末端配水口关闭；⑤输水软管弃水后，用打孔器在指定位置开口，安装配水口中，并注意闸板的上下方向要正确；⑥灌溉结束后应清洗整个系统，卷盘存放，以便延长使用寿命。

三、田间输水灌溉管道安装

用于管道输水灌溉的管材主要有塑料类管材、金属材料管、水泥类管材和其他材料管。田间管道输水灌溉工程具有工程隐蔽、使用时间长等特点。为保证工程投入使用后正常运行，必须对管道的安装进行严格把关。管道安装一般应符合以下要求：①管道安装前，应对管材、管件进行外观检查，清除管内杂物。②管道安装时，宜按先干管后支管的顺序进行。承插口管材，插口在上游，承口在下游，依次施工。③管道中心线应平直，管底与槽底应贴合良好。

（一）硬塑料管道连接

硬塑料管道的连接形式有扩口承插式、套管式、锁紧接头式、螺纹式、法兰式、热熔焊接式等。在同一连接形式中又有多种方法，不同的连接方法其适用条件、适用范围不同。因此，应根据被连接管材的种类、规格、管道系统设计压力、施工环境、连接方法的适用范围、操作人员技术水平等进行综合考虑。

1. 扩口承插式连接

扩口承插式连接是目前管道输水灌溉系统中应用最广的一种形式。其连接方法包括热软化扩口承插连接法、扩口加密封圈承插连接法和胶接黏合式承插连接法三种。

（1）热软化扩口承插连接法。应将插口处挫成坡口，承口内壁和插口外壁均应涂黏接剂。搭接长度大于 1 倍管外径。

该方法是利用塑料管材对温度变化灵敏、热软化、冷硬缩的特点，在一定温度的热介质里（或用喷灯）加热，将管子的一端（承口）软化后与另一节管子的一端（插口）现场连接，使两节管子牢固地结合在一起。接头的适宜承插长度视系统设计工作压力和被连接管材的规格而定。利用热介质软化扩口，温度比较容易控制，加热均匀，简单易学，但受气候因素影响较大；利用喷灯直接加热扩口，受气候因素的影响较小，温度不易控制，但熟练后施工速度较快。

热软化扩口承插连接法的特点为：承口不需要预先制作，田间现场施工，人工操作，方法简单，易掌握；连接速度快；接头费用低；适用于管道系统设计压力不大于 0.15MPa、管壁厚度不小于 2.5mm 的同管径光滑管材的连接。

热介质软化扩口安装时，管子的一端为承口，另一端为插口。将承口端长为 1.2～1.6 倍管道外径的部分浸入温度为（130±5）℃的热介质中软化 10～20s，再用两把螺丝刀（或其他合适的扩口工具）对其稍微扩口，同时插入被连接管子的插口端。扩口用设备有加热筒、热介质（多用甘油或机油）、螺丝刀、简易炉具、燃料（木材或煤炭）等。

喷灯直接加热法安装前，先将插口端外壁用锉刀加工成一个小斜面。施工时，打开喷灯均匀地加热管子承口端，加热长度为 1.2～1.6 倍的公称外径，待其柔软后，用两把螺丝刀（或其他合适的扩口工具）对其稍微扩口，同时插入被连接管子的插口端。此方法的扩口工具有汽油喷灯、螺丝刀等。

（2）扩口加密封圈承插连接法。此方法主要适宜于双壁波纹管和用弹性密封圈连接的光滑管材。管材的承口是在工厂生产时直接形成或生产出管子后再加工制成的，为达到一定的密封压力，插头处套有专用橡胶密封圈。

其特点基本与热软化承插法相同，但接头密封压力有所提高，可用于管道系统设计压力为 0.4MPa（或更高）的光滑、波纹管材的连接，接头密封压力不小于 0.5MPa。

此方法的操作步骤为：对于两端等径、平口的管子，施工前根据系统设计工作压力和管材的规格来确定承口长度，并先加工承口。将管子的一端浸入温度为（130±5）℃的热介质中软化（或其他加热方式），用直径稍大于管材外径的专用撑管工具插入已软化的管端，加工成承口，再运到施工现场进行连接安装。出厂时已有承口的管材，可直接进行现场承插连接（图 4－6）。

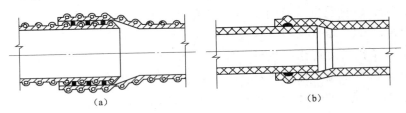

（a）　　　　　　　　　　　　　　　（b）

图 4－6　扩口加密封圈连接法接头连接
（a）波纹管承插接头；（b）光滑管承插接头

（3）胶接黏合式承插连接法。此方法是利用黏合剂将管子或其他被连接物胶接成整体的一种应用较广泛的连接方法，通过在承口端内壁和插头端外壁涂抹黏合材料承插连接管段，接头密封压力较高。

常用的黏合材料有胶接塑料的溶剂、溶液黏合剂和单体或低聚物三大类。①溶剂黏接：利用溶剂既易溶解塑料又易挥发的特点，把溶剂均匀涂抹在承口内壁和插口外壁上，承插管子并将插口管旋转 1/2 圈，使两节管子紧紧地黏合在一起。硬聚氯乙烯常用的溶剂有环己酮、四氢呋喃、二氯甲烷等。②溶液黏合剂胶接：利用与被胶接塑料相同或相似的树脂溶液来进行连接。硬聚氯乙烯可用重量比为 24％的环己酮、50％的四氢呋喃、12％的二氯甲烷、6％的邻苯二甲酸二辛酯、8％的聚氯乙烯树脂配成的黏合剂进行连接。与溶剂黏接相比，溶液黏合剂溶液中的树脂可以填塞胶接面上的微小孔隙，从而提高了胶接强度。另外，由于溶液黏合剂的黏度较纯溶剂大，挥发速度较纯溶剂小，因此对胶接施工比较方便有利。管道输水灌溉系统中的管道连接多采用此法。③利用单体或低聚物连接：需在所用的单体或低聚物中加入催化剂和促进剂，使其能在常温或稍微加热的情况下迅速固化。该种方法除用于硬聚氯乙烯等塑性塑料的胶接外，还可用于塑料与金属之间的胶接。

黏合剂的品种很多，除市场上出售的供选择外，还可自己配制。在管道输水灌溉系统中使用时，应根据被胶接管道的材料、系统设计压力、连接安装难易、固结时间长短等因素来选配合适的黏合剂。

使用黏合剂连接管子时应注意以下几点：①被胶接管子的端部要清洁，不能有水分、油污；②黏合剂要涂抹均匀；③接头间隙较大的连接件不能直接进行连接，应先用石棉等物填塞后再进行涂胶连接；④涂有黏合剂的管子表面发黏时，应及时进行胶接，并稳定一段时间；⑤固化时间与环境温度有关，使用不同的黏合剂连接，其固化时间也大不相同。

几种常见的管材连接时所适用的黏合剂见表 4-1。

表 4-1　　　　　几种常见的管材连接时所适用的黏合剂

连 接 管 材	适 用 黏 合 剂
聚氯乙烯与聚氯乙烯	聚酯树胶、丁腈橡胶、聚氨酯橡胶
聚乙烯与聚乙烯 聚丙烯与聚丙烯	环氧树脂、苯醛甲醛聚乙烯醇缩丁醛树脂、 天然橡胶或合成橡胶
聚氯乙烯与金属	聚酯树脂、铝锭橡胶、丁腈橡胶
聚乙烯与金属	天然橡胶

2. 套管式连接

采用套管式连接时用专用套管将两节管子连接在一起，其接头的承压能力不应低于管材的公称压力。

连接时，将两节（段）管子涂抹黏合剂后承插连接。固定式套管［图 4-7（a）］接头与管子连接后成为一整体，不易拆卸，接头成本较低；活接头式［图 4-7（b）］的接头与管子连接后也成为一整体，但管子与管子之间可通过松紧螺帽来拆卸，接头成本较高，一般多用于系统中需要经常拆卸之处。

3. 锁紧接头式连接

锁紧接头式连接方式是将两节（段）管子用接头通过紧锁箍连接在一起，能承受较高的压力。图 4-8（a）锁紧接头主要用于塑料管与塑料管之间的连接，图 4-8（b）锁紧接头则用于塑料管与金属管之间的连接。

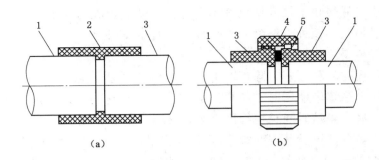

图 4-7 套管式连接

（a）固定式套管；（b）活接头

1—塑料管；2—PVC 固定套管；3—承口端；4—PVC 螺帽；5—平密封胶垫

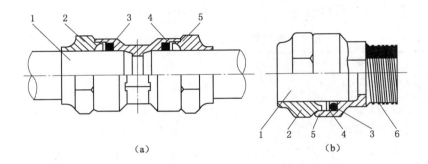

图 4-8 组合式锁紧连接

（a）塑料管与塑料管连接；（b）塑料管与金属管连接

1—塑料管；2—铸铁紧固螺栓；3—O 形橡胶密封圈；4—铸铁压力环；5—铸铁夹环；

6—与金属管连接端；7—与塑料管连接端

锁紧接头式连接多用于黏合剂连接不方便的聚乙烯、聚丙烯等管材以及系统设计压力较高的聚氯乙烯管材的连接。尤其适宜厂家生产的单根长度较长的管材连接。

4. 螺纹式连接

螺纹式连接多用于管径较小（不大于 $\phi 75\text{mm}$）、管壁较厚（不小于 2.5mm）管材的连接。其连接形式是将被连接管材一端加工成外螺纹，另一端加工成内螺纹，依次连接。

用螺纹连接的管子，由于管端套丝，其端部的强度有所降低，影响了管道的整体使用压力。

5. 法兰式连接

法兰式连接是将管子的两端焊接或热压法兰盘，用螺栓把两节管子连接在一起，两个法兰盘间用软质塑料或橡胶垫密封。法兰式连接适合于压力不太高的管道系统，方法简单，连接、拆卸方便。但由于在生产管材时不便于一次将管子两端形成法兰盘，需进行二次加工。

6. 热熔焊接式连接

热熔焊接式连接是将两节管子对焊在一起，有对接熔接和热空气焊接两种形式。

对接熔接是在两节管子的端面之间用一块电热金属片加热，使管端呈发黏状态，抽出加热片，再在一定的压力下对挤，自然冷却后两节管子即牢固结合在一起。

热空气焊接时用热空气把接缝熔融或用焊条把接缝焊接在一起。

热熔焊接式连接不便于野外施工，工程量较大时不便采用，一般多用于管道的修复。

（二）水泥预制管道连接

水泥预制管道的连接方法有多种，其中比较经济实用和简单易行的连接方法有纱布包裹砂浆法和塑料油膏黏结法。管口的主要形式有平口式和承插口式。水泥预制管与管件的连接除采用上述方法外，有时还直接采用水泥砂浆连接。

1. 平口式预制管的接头技术

（1）一纱二浆接头法。

1）铺设管底砂浆及纱布。将管子放入基槽后，在两管对接处挖一个宽 10cm、长 15cm、深 3cm 的弧形小沟槽，槽底铺放一层 1：3 水泥砂浆，上铺宽 10cm、长略大于管外圆周长（约为 1.2 倍管周长）的纱布，以便搭接，纱布上再铺一层砂浆，紧贴管底，如图 4-9（a）所示。

2）管子对接。竖起下一节管子，用钢刷清理管口，浇水湿润，管内放入铁制内圆模。内圆模露出管端 5cm，管口抹 1：2 水泥砂浆。内圆模紧贴管内壁，以阻止砂浆挤进管内，如图 4-9（b）所示。砂浆拌好后，将管子对准前一节管口用力推上，挤出浆液，然后抹平管口溢出的浆液，如图 4-9（c）所示。

3）包砂浆带。在接口处抹一层 1：3 砂浆带，与管底砂浆衔接，如图 4-9

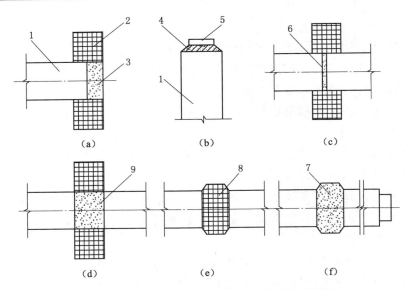

图 4-9　一纱二浆接头法管子对接操作程序图

（a）铺设管底砂浆及纱布操作；（b）管子对接操作；（c）管子抹浆操作；
（d）管底砂浆衔接操作；（e）包裹砂浆带操作；（f）纱布与底层砂浆衔接操作
1—管子；2—纱布；3—管底砂浆；4—1∶1砂浆；5—内圆模；6—管口浆液；
7—纱布外1∶3砂浆带；8—纱布包裹砂浆带；9—1∶3砂浆带

（d）所示。拉起已铺好的纱布，包裹砂浆带，如图 4-9（e）所示，用瓦刀自下而上拍打，挤压纱布，使内层砂浆透出纱布网眼，再在纱布外抹一层 1∶3 砂浆，使之与底层砂浆衔接好，压实、抹光表面，抽出管中内圆模，如图 4-9（f）所示。包裹纱布的两层砂浆总厚约 2cm，宽 10cm 左右。铺好的管子及管口接头要立即覆盖 20cm 厚湿土养护，以防暴晒产生裂纹。水泥预制管平口接头剖面如图 4-10 所示。

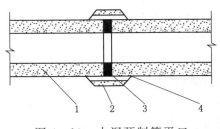

图 4-10　水泥预制管平口
接头剖面示意图

1—预制管；2—砂浆；3—灰膏；4—纱布

（2）塑料油膏接头法。塑料油膏是一种新型防水材料，是在有机化合物内掺入适量无机化合物加工而成。该材料黏结性强，耐低温，用于管道接头防渗，施工简单易行，不受季节气候影响。施工时，在管子两端抹一层经熔化并拌有水泥的粥状塑料油膏，对接挤紧两节管子，在管下槽内铺宽 10cm、长大于管子外周的编织袋或土布，布的上面均匀涂上油膏，管侧两人对面拉起布条，在布外沿管子周围抹压数遍，使油膏和管子紧紧粘在一起，管子上的布头涂上油膏搭接好，然后覆盖土自然养护。油膏接头示意如图 4-11 所示。

2. 承插口式预制管的接头技术

用 1:1 水泥砂浆沿承口斜面涂抹一周后，将插口对准承口用力承插，并检查管口是否吻合；对好后随时向管身中部两侧填土固定，防止管身滚动；然后用捣缝工具将 1:3 水泥砂浆分次捣入缝隙中，要做到填料密实；最后再用 1:2 的水泥砂浆沿承口外缘抹一个三角形封口体，并用瓦刀将砂浆压实。承插口接头如图 4-12 所示。接头工序完成后，再覆 20～30cm 厚湿土进行养护。

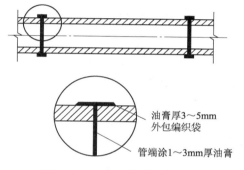

图 4-11　油膏接头示意图

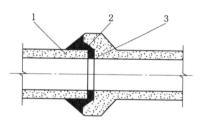

图 4-12　承插口接头示意图

1—管插口端；2—封口砂浆；3—管承口端

（三）石棉水泥管连接

石棉水泥管管壁薄，脆性比水泥预制管更大，其管口为平口式，连接方法主要有以下几种。

1. 全刚性套筒接头

全刚性套筒接头（图 4-13）的填料采用油麻及石棉水泥。连接时先将套筒一端套装在一管端头，然后再套入另一管端接头，放入填料后打口即可。

2. 半刚性半柔性套筒接头

半刚性半柔性套筒接头如图 4-14

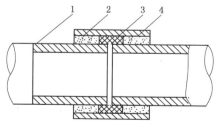

图 4-13　全刚性套筒接头示意图

1—石棉水泥管；2—石棉水泥；

3—填料；4—套筒

所示。连接时，先将套筒套装在柔性接头的管段端部，放入管槽后再将另一管段插入套筒，对准接口，放入填料后打口即可。

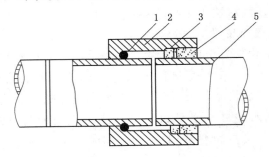

图 4 - 14　石棉水泥管半刚性半柔性套筒接头
1—橡胶圈；2—半柔性套筒；3—填料；4—石棉水泥；5—石棉水泥管

3. 全柔性法兰接头

全柔性法兰接头（图 4 - 15）是用铸铁法兰、长螺栓压紧两只橡胶圈，以达到连接管段防止漏水的目的。此种连接方式具有弹性和活动的余地。

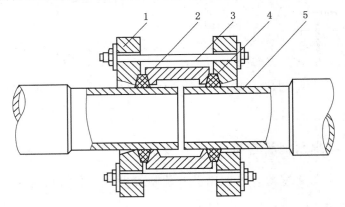

图 4 - 15　石棉水泥管全柔性法兰接头
1—铸铁法兰；2—套筒；3—长螺栓；4—橡胶圈；5—石棉水泥管

以上三种接头方式是已定形的接头方式，接头材料均由厂家提供。对于一般土质，厂家供应时一般按全刚性/半柔性＝3/1、半柔性/全柔性＝4/1 比例搭配。对于土质复杂的管槽，应根据实际情况增加柔性或半柔性接头比例。

4. 树脂刚性接头

（1）树脂刚性接头的黏合剂有两种，一种配方为 6101 号环氧树脂 100

份，乙二胺 12 份，磷苯二甲酸二丁酯 15 份；另一种配方为 6101 号环氧树脂 100 份，聚酰胺 30 份。

（2）黏结方法与步骤。准备两种黏合剂待用，一种为纯黏合剂 A，另一种为用纯黏合剂 A 加 200 份水泥混合而成的黏合剂 B。黏结时，先将管口刷净对齐，然后用黏合剂 B 涂抹接口处，再用 10cm 宽的玻璃布边缠边涂黏合剂 A，缠三层即可。气温在 15℃ 以上时放置 24h 即可固化。

（3）黏结注意事项。树脂刚性接头主要适用于小口径的管材连接。在黏结过程中应注意：①防水、防撞击，以免发生裂缝；②配好的黏合剂应在 1h 内用完；③树脂黏合剂本身收缩率较大，在连接管道时应每隔 30m 左右用一个橡皮套柔性接头。

5. 橡皮套柔性接头

（1）材料。橡皮套柔性接头（图 4-16）主要由橡皮套管、橡皮垫、半圆铁卡箍和橡皮条组成。橡皮套管是用橡皮做成的，厚 5mm，长 22～25cm，内径比石棉管外径小 1.5～2cm。橡皮垫是用 1cm 厚的橡皮做成的与石棉管直径相同的圆环。半圆铁卡箍宽 3～5cm，厚 5mm。橡皮条可用废弃的车内胎做成，其长度为管外径的 2 倍。一个橡皮套柔性接头需用 1 个套管、1 个橡皮垫、4 个铁卡箍、1 根橡皮条。

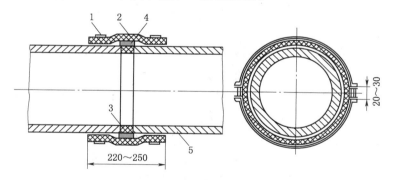

图 4-16　石棉水泥管用橡皮套柔性接头（单位：mm）
1—铁卡箍；2—橡皮套；3—橡皮垫；4—橡皮条；5—石棉水泥管

（2）安装方法。先把橡皮套的 1/2 套到石棉管的一端，把剩下的 1/2 翻到已套好的 1/2 橡皮套上；再将两节相接的石棉管口对齐，把橡皮垫放在两节管的端面之间对紧，用橡皮条缠绕两层；然后将翻过去的 1/2 橡皮套翻过来压紧在上面；最后用铁卡箍将橡皮套两头卡紧，拧紧螺丝。卡箍的间距为 12cm。

　　石棉水泥管与铸铁管或钢筋混凝土管相衔接时，均应采用全柔性或半刚性半柔性接头。

（四）普通铸铁钢管与钢筋混凝土管连接

　　普通铸铁钢管与钢筋混凝土管的连接多为承插式，其接头形式有刚性接头和柔性接头两种。连接安装前，应首先检查管子有无裂纹、砂眼、结疤等缺陷，用喷灯或氧-乙炔焰烧掉管承口内和插口外的沥青，并用钢丝刷将承插口清理干净。

　　承插接头常用的填料有水泥、青铅、油麻、橡胶圈、麻等。通常把油麻、胶圈等称为嵌缝材料，把水泥、青铅等称为密封材料（图4-17）。

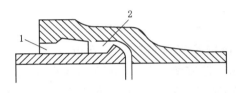

图4-17　刚性接头的嵌缝和密封
1—密封填料；2—嵌缝填料

1. 刚性接头

　　嵌缝材料为水泥类的接头称为刚性接头，刚性接头抗震动性能和抗冲击性能不高，但材料来源丰富，施工方法比较成熟，是最常用的方法。

　　刚性接头的嵌缝材料主要为油麻。油麻要有韧性、纤维长、无麻皮，用石油沥青浸透晾干。油麻辫的粗细应为接头缝隙的1.5倍。打麻之前先用斜铁将承插口间隙调匀，然后用麻凿将油麻打入缝隙内。每圈麻辫应相互搭接100～150mm，并压实打紧。打紧后的麻辫填塞深度应为承插深度的1/3，且不超过承口三角凹槽的内边。

　　（1）石棉水泥接头。石棉水泥接头有一定的抗震和抗弯性能，密实度也好，但劳动强度大，效率低。一般地基均可采用。

　　石棉水泥接头材料一般选用4级石棉绒，纤维长度不短于5mm。水泥一般选用硅酸盐水泥、矿渣水泥，如遇酸性地下水时，宜用火山灰水泥，水泥一般为425号。石棉水泥材料的配合比为3∶7（重量比），水与水泥加石棉重量和之比为1∶10～12。调匀后手捏成团，松手跌落后散开即为合适。

　　填塞时应自上而下填灰，分层填打，每层应不少于两遍。填打表面应平整严实。填塞深度为接头深度的1/2～2/3。

　　（2）膨胀水泥接头。膨胀水泥接头的特点是减少了水泥打口的工作量，把水泥调匀后用灰凿塞入捣实抹平即可，施工简单，劳动强度小。

　　膨胀水泥砂浆的配合比一般为膨胀水泥∶砂∶水＝1∶1∶0.3。

拌和膨胀水泥用的砂应为洁净的中砂，粒径为 1.0～1.5mm，洗净晾干后再与膨胀水泥拌和。

膨胀水泥因水化比大，连接后应注意养护，夏季用水养护时间不少于48h，冬季养护时间不少于72h，且注意防冻。

（3）石膏氯化钙水泥接头。这种接头也是一种膨胀水泥接头，材料由工地现用现配，避免了膨胀水泥受存放期限制的问题。石膏是膨胀剂，氯化钙是快凝剂。

接头嵌缝材料配比为水泥：石膏：氯化钙＝0.85：0.1：0.05（重量比），用 20％的水拌和。拌和时先将水泥和石膏拌和均匀，再将氯化钙溶于水中，最后再用氯化钙水溶液与石膏水泥拌和。一次拌和料只供一个接头使用，在 10min 左右的时间内必须用完，否则拌和料将会失效。

（4）添刷防水剂的石棉水泥、纯水泥填料接头。接头施工时，在嵌缝材料填打之前，可在防水剂中浸泡 1～2min，每道捻打灰料工序后，在捻打的灰料表面涂刷防水剂一遍，分层捻打，分层涂刷，一般养护 1～2h 管道系统即可投入使用。防水剂可用水玻璃或市场上出售的混凝土防水药水。

（5）掺添氯化钙的石棉水泥填料接头。填料重量配合比为 425 号普通硅酸盐水泥：石棉绒：无水氯化钙（纯度为 75％）＝9：1：0.02。

氯化钙以 1：1 的比例溶化在温水里，水泥和石棉绒混合拌匀，再加入上述水溶液拌和均匀，按石棉水泥填料法操作捻打。捻口完毕后 30min 即可投入运行，可承受 0.3MPa 的水压力。

（6）不捻打快速填料接头。该法所用材料及配比为 425 号普通硅酸盐水泥：半水石膏：无水氯化钙＝100：10：5。水灰比与膨胀水泥砂浆填料相同。配料时先将水泥和石膏混合均匀，然后用 1：1 氯化钙水溶液拌和灰料，接头操作同膨胀水泥接头。接头施工完毕 2h 后可通水。

上述 6 种刚性接头方法的前 3 种主要用于正常施工时使用，后 3 种主要用于工程抢修时使用。

2. 柔性接头

使用橡胶圈作为止水件的接头称柔性接头。橡胶圈具有较好的可塑性，因此柔性接头能适应一定量的位移和震动。胶圈一般由管材生产厂家配套供应。

柔性接头施工工序为：①清除承插口工作面上的附着污物；②向承口斜形槽内放置胶圈；③在插口外侧和胶圈内侧涂抹肥皂液；④将插口引入

承口，确认胶圈位置正常、承插口的间隙符合要求后，将管子插入到位，找正后即可在管身覆土以稳定管子。

用柔性接头承插的管子，承口和插口既不能顶死也不能间隙过大。对于公称直径小于 75mm 的管道，沿直线铺设时其间隙一般要求为 4mm；公称直径为 100～250mm 的管道，沿直线铺设时其间隙一般要求为 5mm，沿曲线铺设时其间隙一般要求为 7～13mm；公称直径为 300～500mm 的管道，沿直线铺设时其间隙一般要求为 6mm，沿曲线铺设时其间隙一般要求为 10～14mm。

（五）地面移动软管

在半固定式或移动式管道输水灌溉系统中需要用移动管道。移动管道通常采用轻便柔软易于盘卷的软质管，管道灌溉系统中采用最多的是聚乙烯薄膜塑料软管和涂塑软管。移动塑料软管既可以与固定管道给水栓连接，作为末级管道向畦田输水灌溉，也可与水泵出水口直连，作为一级管道向畦田输水灌溉。软管的连接方法有揣袖法、套管法、快速接头法等。

1. 揣袖法

揣袖法是顺水流方向将前一节软管插入后一节软管内，插入长度视输水压力的大小决定至不漏水为宜。该法多用于较软的聚乙烯软管的连接，特点是连接方便，不需专用接头或其他材料，但不能拖拉。连接时，接头处应避开地形起伏较大的地段和管路转弯处。

2. 套管法

套管法一般用长约 15～20cm、外径略大于软管内径的硬塑料管作为连接管，将两节软管套接在硬塑料管上，用活动管箍固定，也可用铁丝或其他绳子绑扎。该方法的特点是接头连接方便，承压能力高，拖拉时不易脱开。

3. 快速接头法

快速接头法是软管的两端分别连接快速接头，用快速接头对接。该方法连接速度快，接头密封压力高，使用寿命长，是目前地面移动软管灌溉系统应用最广的一种连接方法，但接头价格较高。

移动塑料软管的管壁薄、强度低、易损坏，拆装时应注意：①软管使用前，认真检查其质量，并将铺管路线平整好，以防尖锐物体扎破软管；②软管铺设时，应从给水栓处开始逐段进行，铺放应顺直、平整，不应拖拉、扭曲或打结；③软管跨沟时应设支架，跨路应挖沟和垫土保护，转弯要缓慢，切忌拐直弯，以免充水时管道打折；④软管搬移前应放空管内积水，盘卷移动。

四、管件的连接

材质和管径均相同的管材、管件的连接方法与管道连接方法相同，管径不同时由变径管来连接。材质不同的管材、管件连接需通过加工一段金属管来连接（图4-18），接头方法与铸铁管连接方法相同。

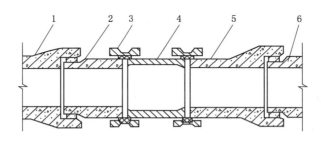

图4-18　材质不同的管件连接示意图

1、6—水泥预制管或其他管材；2—一端为插口、一端为平口的水泥短管；

3—金属套管；4—金属短管；5—一端为承口、一端为平口的水泥短管

五、附属设备的安装

阀门、水表、安全阀、进（排）气阀等附属设备的安装方法一般有螺纹连接、承插连接、法兰连接、管箍式连接、黏合剂连接等。

公称直径大于50mm的阀门、水表、安全阀、进（排）气阀等多选用法兰连接；给水栓则可根据其结构形式，选用承插或法兰连接等方法；对于压力测量装置以及公称直径小于50mm的阀门、水表、安全阀、进（排）气阀等多选用螺纹连接。

与不同材料管道连接时，需通过一段钢法兰管或一段带丝头的钢管与之连接，并应根据管材的材料采取不同的方法。与塑料管连接时，可直接将法兰管或钢管与管道承插连接后再与附属设备连接。与混凝土管及其他材料管连接时，可先将钢法兰管或带丝头的钢管与管道连接后再将附属设备连接上。

六、首部安装

使用潜水泵的管道工程，首部安装主要是水泵与管道的连接，为便于维护水泵，一般采用法兰连接。使用离心泵的工程，首部枢纽一般包括水泵、电机、控制阀门等，它们的连接也多是采用法兰或螺纹连接。

七、其他附属设施

其他附属设施包括阀门井、镇墩等。阀门井一般用砖砌筑（图4-19），其尺寸应以方便操作及拆装阀门来确定。

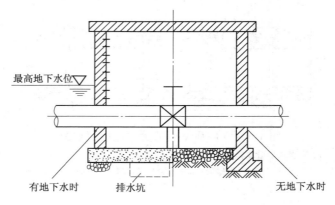

图4-19　阀门井示意图

参 考 文 献

［1］ 水利部农村水利司，中国灌溉排水发展中心．节水灌溉工程实用手册［M］．北京：中国水利水电出版社，2005．

［2］ 喷灌工程设计手册编写组．喷灌工程设计手册［M］．北京：水利电力出版社，1989．

［3］ 水利部农村水利司，中国灌溉排水发展中心．中国节水灌溉［M］．北京：中国水利水电出版社，2005．

［4］ 陈明忠，赵竞成，王晓玲．农业高效用水科技产业示范工程研究［M］．郑州：黄河水利出版社，2005．

［5］ 水利部农村水利司，中国灌溉排水发展中心．管道输水工程技术［M］．北京：中国水利水电出版社，1998．

［6］ 水利部农村水利司，中国灌溉排水发展中心．喷灌工程技术［M］．北京：中国水利水电出版社，1998．

［7］ 水利部农村水利司，中国灌溉排水发展中心．微灌工程技术［M］．北京：中国水利水电出版社，1998．

［8］ 中华人民共和国水利部．喷灌工程技术管理规范：SL 569—2013［S］．北京：中国水利水电出版社，2013．

［9］ 国家质量监督局．喷灌工程技术规范：GB/T 50085—2007［S］．北京：中国计划出版社，2007．

［10］ 中华人民共和国水利部．节水灌溉技术规范：SL 207—1998［S］．北京：中国水利水电出版社，1998．

［11］ 中华人民共和国水利部．低压管道输水灌溉工程技术规范（井灌区部分）：SL/T 153—1995［S］．北京：中国水利水电出版社，1996．

［12］ 中华人民共和国水利部．微灌工程技术规范：GB/T 50485—2020［S］．北京：中国计划出版社，2009．